SEMIS
ET
PLANTATIONS

SAPIN ET PIN SYLVESTRE

Soyez bons pour les......... végétaux:

PARIS

BERGER-LEVRAULT, ÉDITEURS

136, BOULEVARD SAINT-GERMAIN (VIᵉ)

1929

SEMIS

ET

PLANTATIONS

SAPIN ET PIN SYLVESTRE

SEMIS

ET

PLANTATIONS

SAPIN ET PIN SYLVESTRE

Soyez bons pour les......... végétaux.

PARIS

BERGER-LEVRAULT, ÉDITEURS

136, BOULEVARD SAINT-GERMAIN (VIe)

1929

Soyez bons pour les.......... végétaux.

Vous rappelez-vous, mes Camarades, du temps où, étudiants à l'Institut agronomique, nous voyions dans Paris, la Grand'Ville, ce conseil donné, sous forme d'écriteaux, par le préfet de police, aux milliers de collignons circulant dans la capitale : Soyez bons pour les animaux.

Permettez-moi aujourd'hui de commencer ce petit travail par la même maxime, en l'adaptant toutefois aux êtres avec lesquels un forestier vit journellement, les végétaux. Laissez-moi vous donner le conseil : Soyez bons pour les végétaux. Et lorsque vous l'aurez appliqué, vous pouvez être sûrs d'être un bon semeur et un bon planteur. Tout l'art de la plantation est contenu en effet dans cette maxime, surtout si vous vous dites qu'en outre les animaux ont par fois, quand on les maltraite, des moyens de résister et de se plaindre, en ruant, en mordant, en se cabrant, tandis que les végétaux, eux, n'ont qu'un moyen de protester contre les mauvais traitements qu'on leur inflige, c'est la mort, mort sans phrase, évidemment sans cris et sans lamentations. La forêt est une grande muette qui ne se plaint jamais de tous les maux qu'on lui inflige, mais c'est un être qui vit, qui naît, prospère et se multiplie à condition d'être bien traité.

Soyons bons pour les végétaux.

Soyons bons pour les végétaux comme la Nature l'est pour eux, puisqu'elle fait si bien les choses que les végétaux poussent sous son aile protectrice. Voyons donc comment elle fait, et cherchons à faire comme elle. Nous appliquerons ainsi la vieille devise de notre ancien maître M. Parade, quand il disait : « Imiter la Nature, hâter son œuvre, telle est la maxime fondamentale de la sylviculture. »

Voici en tout cas trente ans que je plante ou que je sème du sapin et du pin sylvestre. Trente ans d'études, d'essais, d'échecs et de réussite. En trente ans, Dieu seul sait le nombre que j'en ai livré à la hache du bûcheron, combien j'en ai jetés par terre, mais aussi combien j'en ai semés, plantés et rigolés en pépinière. .

Puissent les quelques lignes qui vont suivre faciliter les plantations, éviter les échecs, favoriser les réussites de ceux qui voudront bien me témoigner leur confiance en lisant ces lignes.

SEMIS ET PLANTATIONS

LE SAPIN PECTINÉ ET LE PIN SYLVESTRE

PREMIÈRE PARTIE
LE SAPIN PECTINÉ

CHAPITRE I
Des plantations

Pour planter, deux choses sont essentielles, que M. de la Palice vous eût indiquées lui-même, il vous faut vous procurer des ouvriers et des plants.

ART. I. — DES OUVRIERS

Les ouvriers sont en général des cultivateurs habitant dans les environs de votre plantation. Dans quelles conditions les embaucherez-vous, à la tâche ou à l'heure?

Le plus généralement, on les embauche à la tâche, soit au mille de plants, soit à l'unité de surface, et laissez-moi ajouter immédiatement : système lamentable. Le problème, pour ces ouvriers, n'est pas de reboiser, il consiste soit à mettre le plus de plants possible en terre, soit à parcourir le plus de surface possible dans le minimum de temps. Mais alors quels traitements inflige-t-on à ces êtres vivants que constituent les plants. C'est ainsi que vous voyez un ouvrier enlever, pour faire un potet, quelques centimètres de terre, un second ouvrier jeter un plant dans ce soi-disant trou, un troisième d'un coup de pied enfoncer les racines en terre, et essayer, par la même occasion, par une énergique pression du pied résultant du choc du coup de pied, de remettre la tige verticale. Votre plantation sera faite en un rien de temps, et vous croyez l'avoir faite économiquement. Mais d'avance, je vous le dis, elle est vouée à une mort certaine; on ne traite pas les enfants à coups de pied; pourquoi laisseriez-vous traiter vos plants autrement que des enfants? Soyons bons pour les uns et les autres. Et si votre plantation rate, c'est que vos ouvriers ont été trop vite, les potets n'ont pas été assez profonds pour contenir les racines, dont une partie reste à l'air; au lieu de mettre vos plants en terre, comme le veut la nature, les racines en bas, la tête dressée vers le soleil, votre ouvrier a mis son plant horizontalement, l'obligeant dès sa naissance à se livrer à des contorsions pour se redresser; pour comble, on lui applique pour terminer un vigoureux coup de pied pour essayer en un seul mouvement de l'enfoncer et de le redresser; du coup l'ouvrier lui a brisé ces tissus très délicats que forme le cambium de votre jeune plant.

Arrière ces barbares, qui, de tout ce travail, sont sûrs d'avoir un joli bénéfice à votre détriment, car deux ans après, ils sont certains d'être embauchés à nouveau pour recommencer ladite plantation, qui vous coûtera donc le double de ce qu'elle aurait dû, si ce n'est le triple.

Vous embaucherez donc vos ouvriers à l'heure, en mettant toutefois à leur tête un chef de chantier, autrement dit un chef qui dirige et qui commande. J'insiste sur ces deux mots, car je ne pourrai donner ce nom à ce soi-disant chef de chantier, auquel chaque ouvrier, en arrivant au travail, remettait le matin un litre de vin, de telle sorte qu'une heure après l'ouverture du chantier, composé de 8 ouvriers et un prétendu chef, ledit chantier ne comprenait plus que le chef ronflant dans un coin, tous les ouvriers étant rentrés chez eux, et sachant d'avance qu'ils figureraient pour dix heures sur la feuille d'attachement, puisque personne ne pouvait certifier qu'ils n'étaient pas présents. J'en déduirai au surplus cette conclusion logique : qui veut planter doit surveiller lui-même ses ouvriers, sinon tout le temps, du moins à intervalles rapprochés. Rien ne vaut l'œil du maître.

Toutefois, pour faire économiquement votre plantation, vous répartirez le travail entre vos ouvriers en les spécialisant; ce ne serait pas un bon système que de donner à chaque ouvrier une botte de plants en les chargeant de les planter. Vous irez plus vite, vous dépenserez donc moins d'argent en répartissant vos ouvriers par chantier de 4 ouvriers :

Deux qui décaperont le sol et travailleront la terre;

Un qui portera les plants et les répartira à raison de un par potet;

Un qui mettra les plants en terre, et recouvrira les racines de terre.

C'est avec intention que je spécifie : un plant par potet, car vous avouerai-je avoir connu des ouvriers embauchés à la tâche, auxquels on remettait le matin une botte de plants, et qui s'empressaient d'aller faire un trou et d'y mettre..... la botte tout entière, de telle sorte qu'à 6 heures du matin la tâche était terminée.

Mais en embauchant les ouvriers à l'heure, que va coûter une plantation? m'objectera un propriétaire particulier qui ne veut pas cependant se lancer dans l'inconnu, comment ferai-je mon devis et ma demande de crédit, me dira le forestier administratif, préoccupé de répondre aux nombreuses questions que nous pose notre Administration dans ses rapport et devis de plantations, autrement dit : que doit faire un ouvrier par jour, ou plus exactement combien mettra par jour en terre une équipe de 4 ouvriers?

Ce nombre, empressons-nous de le constater, sera très variable suivant l'état dans lequel se trouve le sol. S'agit-il d'un pâturage ou d'un champ incultivé depuis peu de temps, on pourra obtenir 800 plants par équipe de 4 et par jour.

S'agit-il d'un regarni à faire en forêt, pour compléter une régénération incomplète, ce nombre tombera à 500.

S'agit-il d'une friche recouverte de genêts ou de framboisiers, il variera de 600 à 700 plants.

C'est que, dans le premier cas, la confection des potets pourra se faire rapidement, dans le second les ouvriers perdront du temps à courir, dans le troisième cas enfin, ils seront plus ou moins gênés par l'abondance des morts-bois.

ART. 2. — LES PLANTS

Oh! ceci tout ce qu'il y a de plus simple, s'empressera de dire le reboiseur, je vais chez le marchand du coin, j'achète des plants, et je les mets en terre; c'est simple. Soit. Mais en ce qui me concerne, je trouve cette recette de très mauvais goût, parce que très souvent quand j'eus l'idée de l'employer, j'obtins des résultats lamentables pour des causes très variables. La profession de pépiniériste, comme toute corporation, renferme, empressons-nous de le constater, quantité de gens, et je dirai même une majorité de gens fort honnêtes et de gens fort experts, mais comme dans toute corporation, il y a des exceptions, qui ont alors la partie d'autant plus belle avec vous qu'à l'inverse de ce qui se passe en général, vous ne voyez pas d'avance la marchandise que vous achetez, pour la simple raison que très rarement vous avez à votre proximité immédiate un pépiniériste et que vous ne pouvez vous rendre compte de la qualité de la marchandise avant de vous en rendre acquéreur. Il me serait possible à ce sujet de vous raconter quelques petites histoires qui vous prouveraient qu'en matière de plants forestiers, il est des exceptions, comme il en est dans toutes les professions, et qui vous ouvriraient les yeux sur les précautions à prendre pour ne pas être roulé, comme vous prenez des précautions pour n'être roulé, sans parfois y parvenir, ni par votre épicier, ni par votre boucher, ni par votre marchand de vins, et vous demandant au surplus de constater avec moi que si, sur des milliers de pépiniéristes qui existent en France, il existe deux ou trois exceptions, ceci vient à l'appui du vieil adage : « l'exception confirme la règle », et cette règle est celle que je posais pour débuter en disant que les pépiniéristes sont gens fort honnêtes.

En tout cas, quelque bon et quelque consciencieux que soit votre fournisseur, je constaterai que, chaque fois que, pour faire une plantation, vous recourrez à un pépiniériste trop éloigné du lieu de votre plantation pour se passer du chemin de fer, quelque bon qu'il soit, celui-ci vous les expédiera en colis bien bottelés, bien ficelés, bien étranglés, bien pressurés dans un panier, le plus souvent recouvert d'une toile d'emballage, et qui resteront hors de terre, privés d'air, de lumière et d'eau pendant un temps X... que veuillez calculer avec moi, en mettant les choses au mieux :

1 jour pour arrachage et emballlage;
1 jour pour transport en gare et expédition;
2 jours de chemin de fer;
1 jour d'attente à la gare d'arrivée;
1 jour pour transport à pied d'œuvre;
1 jour pour recrutement des ouvriers.

Vous ne mettrez donc vos plants en terre que le huitième jour, en supposant que le voyage n'ait duré que quarante-huit heures. Et si pour comble le chemin de fer a laissé séjourner votre colis au soleil, je vous le certifie d'avance, vous ne dépasserez pas, quand vous l'atteindrez, 60 % de réussite, à moins que votre pépiniériste ne soit même qu'un simple revendeur, faisant venir ses plants de fort loin, voire même d'Allemagne ou d'Autriche, et qui n'arriveront à destination que cinq ou six semaines après leur arrachage. Ah! soyez bons pour les végétaux si vous voulez planter, mais mettre des enfants dans des colis obscurs, privés de lumière, d'air, de nourriture et d'eau pendant six semaines en les étranglant, au surplus, en leur serrant une corde au cou, que constituent les liens des bottes, que l'on a eu soin de serrer le plus possible pour diminuer le volume du colis, non cela dépasse les bornes, vos enfants et vos plants en créveront. Évidemment quand vous les recevrez, vous constaterez que vos plants « se sont échauffés », pour employer la locution courante, vous vous empresserez de les déligotter, comme le pendu que vous trouvez au coin du bois, et que vous commencerez par dépendre avant d'aller chercher les gendarmes, et vous les mettrez immédiatement en terre. Laissez-moi vous donner ici un conseil : mettez-les en effet en terre, mais je veux dire par là : ouvrez-leur une large fosse, jetez-les dans ce tombeau, arrosez-les d'un pleur, et refermez la fosse, cela vous coûtera bien moins cher.

Au surplus, par le temps qui court, le commerce a souvent des prétentions peut-être un peu exagérées. Prenez en effet n'importe quel catalogue, et vous trouverez les plants de sapin de 4 ans repiqués (nous verrons que c'est là le meilleur plant à utiliser) annoncés au prix minimum de 160 francs le mille (bien heureux quand il n'est

pas de 250 francs); or, avant guerre, ils valaient 18 francs le mille.
On vous les fait donc payer entre 10 et 12 fois plus cher qu'avant
guerre; ce coefficient est vraiment exorbitant, surtout pour des plants
venant d'Autriche où le change laisse au surplus à votre marchand
un bénéfice vraiment illicite.

Certains reboiseurs s'imaginent se procurer économiquement des
plants en arrachant en forêt des plants venant de semis naturels
surabondants ou des plants venus sur des talus ou des chaussées
de routes et de chemins. Je prétends, je soutiens et je démontre que
l'opération ne vaut rien et qu'elle coûte cher, et si je tiens à le dé-
montrer, chiffres en mains, c'est pour me permettre de donner les
raisons qui m'ont fait rejeter ce système, qui cependant est parfois
très apprécié, mais que personnellement je ne puis arriver à accepter.

Un plant se nourrit et mange au moyen de ses racines, et surtout
de ses radicelles. Or, en arrachant un plant d'un sol forestier, sol
toujours compact parce que jamais labouré, vous arrachez, en prenant mille précautions, le pivot, mais vous laisserez les radicelles en
terre, autrement dit, vous commencez par arracher à vos enfants une
partie de leur appareil digestif; comment après cela voulez-vous
qu'ils vivent? Oh! je vous vois me répondre : « Pardon, je munis
mes ouvriers de truelles, avec lesquelles ils arrachent, non pas le
plant mais une motte de terre, qui petit à petit s'effritera, laissant le
chevelu intact, puis je mettrai ces plants en pépinière dans de la
terre bien bêchée, bien fumée pour leur développer un beau chevelu, je choisirai en outre de préférence ceux venus sur des talus de
chemins forestiers ou des bas côtés de route, parce que la terre y
est meuble. » Laissez-moi vous répondre que :

1° Pour extraire ces plants, vous embaucherez 4, 5, 6 ouvriers;
celui derrière lequel vous marchez, en supposant que vous ayez soin
de vouloir les surveiller vous-même, se servira de sa truelle, mais je
vous réponds bien que, dès que vous aurez le dos tourné, celui-ci
et ses 5 ou 6 camarades que vous ne suivez pas, s'empresseront de
mettre leurs truelles dans leurs poches;

2° Au surplus, vous avez pu (ce que je n'ai su faire) recruter des
ouvriers qui sont de véritables perfections. D'une conscience à toute
épreuve, ils se servent tous de leurs truelles, et enlèvent des bonnes
mottes de terre, sans casser le chevelu, dans mes talus et mes routes.
Si jamais je les rencontre, ils peuvent être sûrs que je brandis à leur
égard les foudres du Code forestier. Comment? Je dépense tous les
ans des dizaines de milliers de francs à entretenir mes voies de vidange, à curer mes fossés pour faciliter l'écoulement des eaux, à
redresser mes talus de chemins pour éviter qu'ils ne s'éboulent dans
mes fossés, à mettre de la pierre sur ma chaussée, et à la niveler pour
empêcher la stagnation des eaux, et ces bougres-là viennent me trans-
former mes talus et mes bas-côtés de route en une véritable écumoire,
me faisant 5.000 ou 6.000 trous pour se procurer 4.000 ou 5.000
plants? Ah! non pas de cela! je vais vendre pour 100 francs de plants
et dépenser ensuite 2.000 francs à refaire mon chemin et mes talus.

Hors d'ici, vandales, allez chez mon voisin, mais ne venez pas chez moi.

3° Ils ont suivi le conseil, et sont allés chez mon voisin. Là, ils arrachent, pardon, ils extraient avec tout le soin désirable 6.000 plants qu'ils vont vous livrer. Faisons donc le décompte, s'il vous plait, de la dépense. En y mettant tout le soin désirable, se servant de truelles enlevant la motte de terre, la secouant pour faire tomber la terre sans casser les radicelles, les ficelant et bottelant par paquets de 50 (les malheureux, encore 50 pendus!) un bon ouvrier vous fera au maximum 500 plants par jour; autrement dit, il vous faudra 2 jours d'ouvrier pour avoir 1.000 plants, soit 50 francs, plus, laissez-moi le compter, car il existe, le dommage causé à vos routes et chemins par tous ces trous. Soyons modestes, très modestes, évaluons-le à 10 francs le mille (ce n'est pas cher), ajoutons encore la valeur du plant, soyons encore modestes, évaluons-le à 10 francs le mille (l'arrêté réglementaire fixant la valeur des produits accessoires dans les Vosges fixe ce prix à 15 francs), ajoutons encore le prix du rigolage en pépinière que j'établirai ultérieurement à 13 francs, ajoutons encore la culture de la pépinière pour faire ce rigolage que j'établirai plus tard supérieur à 12 francs. Cela fait, si je sais bien compter, 95 francs le mille. Permettez-moi de vous dire : c'est cher, je vous indiquerai tout à l'heure le moyen de vous procurer à bien meilleur compte des plants, mais j'entends par là de beaux plants, et non pas de ces petits bâtons informes et difformes que vos ouvriers vous ont arrachés en forêt.

4° Que gagnez-vous au surplus à prendre ces plants, vous convenez vous-même que vous ne réussirez pas si vous ne rigolez pas ces plants en pépinière pour leur développer le chevelu. Vous les laisserez certainement trois ans dans ces pépinières; or, comme le meilleur plant est celui de 4 ans repiqué, vous gagnez un an, peut-être deux, mais vous perdez 20 % de vos plants en rigolage; le bénéfice est maigre, surtout pour constituer une sapinière qui sera aménagée, quand elle sera créée, à la révolution de 144 ans ou de 160 ans. Un an sur cent soixante, voilà donc ce que vous gagnez en payant d'ailleurs vos plants plus cher que par la méthode que voici, car nous venons de voir les plants à ne pas prendre, voyons donc ceux qu'il faut prendre.

Ce sont ceux que vous ferez vous-même, car il n'y a encore jamais rien de si bien fait que ce que l'on fait soi-même. Pour vous procurer des plants, vous commencerez donc par créer des pépinières.

ART. 3. — DES PÉPINIÈRES DE SAPIN

§ 1. — *Choix de leur emplacement.*

Nous partirons, pour choisir cet emplacement, de ce grand principe qu'on nous inculqua jadis à l'École forestière. Le sapin est une essence d'ombre. Mais je voudrais donner à ce principe le sens exact qu'il doit avoir, et non pas celui que trop souvent on lui donne en disant : le sapin ne vient qu'à l'ombre. Je ne saurais trop protester contre pareille théorie. Oh! vous reboiseur, le plus souvent père de famille (n'est-ce pas pour vos enfants que vous reboisez suivant les préceptes de notre grand ancien, M. de la Fontaine), que diraient vos enfants si, pour les élever, vous commenciez par les enfermer dans un cachot noir, privés d'air, de lumière et surtout de soleil? vous les verriez, je vous le certifie, rapidement dépérir, puis mourir, et M. le procureur de la République vous ferait immédiatement enfermer dans une bonne prison. Pourquoi vouloir traiter différemment des végétaux et surtout des plants, c'est-à-dire des enfants de végétaux? Soyez bons pour eux. Le sapin, comme tous les animaux, comme tous les végétaux, a besoin des bienfaits du soleil pour constituer des enfants forts et vigoureux. Mais il a besoin d'un sol profond, frais sans être mouilleux, il craint par-dessus tout la sécheresse. Installez-le donc dans un champ, si vous le voulez, mais alors vous l'arroserez (ce qui vous coûtera cher) et vous pouvez être sûr d'avoir de beaux plants. Pour économiser cette installation d'arrosage et la main-d'œuvre qu'elle exige, je préférerai installer ma pépinière à l'intérieur de la forêt en déboisant une certaine surface, pour que le soleil puisse vivifier mes plants pendant trois ou quatre heures par jour, mais en lui donnant de l'ombre le reste du temps au moyen des arbres de ma forêt qui entourent la pépinière, et qui empêcheront ainsi le sol de se dessécher.

Vous vous arrangerez au surplus pour qu'aucun arbre ne surplombe votre pépinière, ce qui aurait le double inconvénient :

1º De mettre au cachot noir un certain nombre de plants qui resteront plus chétifs que les autres;

2º De provoquer sur votre pépinière par le mauvais temps des gouttières, la même branche d'arbre vous débitant à intervalles réguliers toujours à la même place de grosses gouttes d'eau provenant du ruissellement sur l'arbre de l'eau de pluie, et formant des cascades qui, à force de tomber toujours à la même place, vous déchausseront vos plants.

Si je dispose à l'intérieur de ma forêt d'un grand vide, d'un pré de garde abandonné par exemple, l'emplacement sera là tout trouvé, mais j'aurai soin de l'adosser à la forêt dans la partie sud du terrain, pour que le matin ma pépinière jouisse des bienfaits du soleil levant, mais qu'à partir de 13 heures, les arbres du peuplement voisin commencent à la protéger des ardeurs du soleil couchant.

Autre conclusion : en montagne, je ne mettrai jamais de pépinière sur un versant exposé au sud et à l'ouest, je ne la mettrai pas sur une crête, parce que le sol n'est généralement pas profond, pas plus qu'à un col parce que exposé au vent, le sol se dessécherait, je ne la mettrai pas non plus dans un fond parce qu'elle serait plus exposée à la gelée printanière. Je la mettrai toujours sur des versants exposés à l'est ou mieux encore au nord, et à flanc de coteau.

Je la mettrai d'ailleurs à proximité d'une route ou d'un chemin, car j'aurai besoin, comme nous le verrons ultérieurement, de la fumer, il me faudra donc un chemin pour amener facilement ce fumier.

§ 2. — *Son importance, sa grandeur.*

Ai-je avantage à la faire grande, autrement dit, en langage administratif, à faire une pépinière fixe, ou plutôt à la faire petite et à constituer une pépinière volante?

Je préférerai la pépinière volante. D'abord, si vous la faites fixe, c'est-à-dire si vous créez une pépinière importante, vous vous priverez de l'ombre de votre forêt voisine, une partie sera à l'abri du soleil levant qui est le plus favorable à vos plants, mais en compensation exposée tard dans la soirée au soleil couchant. Et puis dans une pépinière un peu importante, il y a toujours à faire : binages, sarclages, rigolages exigeront la présence continue d'un ouvrier ou d'un garde, vous serez donc amené soit à créer un poste de garde, soit à dépenser des crédits importants pour payer votre ouvrier. Je choisirai donc la petite pépinière volante, celle d'un are ou 2 est celle que de beaucoup je préfère, mais que parfois je pourrai porter suivant les circonstances, suivant la forme du terrain, à 10 ares au grand maximum.

Mais, me direz-vous, avec 2 ares de pépinière, voire même avec 10 ares, jamais je n'aurai assez de plants pour faire tous les reboisements que j'ai à faire. Entendu, mais au lieu de faire une pépinière d'un hectare, qui nécessitera la présence continue d'un garde ou d'un ouvrier, je ferai dix pépinières de 10 ares ou mieux vingt pépinières de 5 ares, à raison de une pépinière par triage, si bien que chacun de mes gardes n'aura que 5 ares de pépinière à surveiller et à cultiver tous les ans; quand il aura fait bêcher sa pépinière, ce qui exigera 2 ou 3 journées d'ouvrier, il pourra soit lui, soit sa femme, soit ses enfants, la sarcler et la biner, sans difficulté aucune. Et s'il en a plusieurs de 2 ou 3 ares, un jour, il fera sa pépénière n° 1, un autre jour sa pépinière n° 2.

La meilleure preuve que je puisse en donner est ce qui se passe dans certaine inspection des Vosges, où l'on use annuellement plus de 100.000 plants, soit pour reboiser des terrains nouvellement soumis (250 hectares en 9 ans), soit surtout pour reboiser les parties dévastées par la guerre (2.500 hectares environ). Cette inspection comprend 37 triages, chaque garde a 2 ou 3 pépinières, faisant un total de plus de 3 hectares, chacun n'ayant cependant pas 10 ares à cultiver.

Je disais au surplus, il y a un instant, pépinière n° 1, pépinière n° 2; il est en effet excellent, et ce sera une bonne précaution que vous prendrez, de numéroter ces pépinières ou de leur donner un nom, en exigeant que vos gardes sur leur livret journalier, sur vos feuilles d'attachement, vous mettent toujours le numéro ou le nom de la pépinière dans laquelle ils ont travaillé, ou à laquelle se rattache telle dépense. Vous pourrez ainsi sans peine, sans difficulté et sans dérangement, établir à n'importe quel moment le prix de revient de vos plants, le rendement de vos pépinières, et surveiller le travail de vos gardes.

En tout cas un gros avantage de cette organisation, qui, à mon avis est d'une extrême importance, c'est que je réduirai au minimum les frais de transport des plants de leur pépinière à leur lieu d'emploi. Quel que soit l'endroit où je reboise, j'ai des plants à proximité immédiate. Si du reste mon triage nº 5 n'a pas assez de plants cette année, je les prélèverai dans les pépinières du triage nº 6 ou nº 4, qui, cette année n'en auront pas besoin. Inversement d'ailleurs l'année prochaine.

Réduisant au surplus mes transports, je ne suis plus obligé de botteler mes plants, de les ficeler et de les mutiler par strangulation. Je vous demande pardon, cher lecteur, d'insister sur ces bottelages et ficelages, mais à mon avis une bonne partie, et même la plus grosse partie des échecs sont dus à cette opération. Faites-vous des bottes un peu petites, 50 plants par exemple, les tissus très délicats de vos jeunes plants sont mutilés par la pression qu'exercent sur eux les liens, tous en souffrent plus ou moins. Faites-vous des bottes plus grosses, 100 plants, ceux qui sont autour de la botte souffrent de la pression, et ceux qui sont au centre, privés d'air pouvant circuler entre eux, se mettent à fermenter par suite de la résine. donc de la térébenthine qu'ils renferment. Vos plants « s'échauffent » comme s'ils étaient passés dans un four chaud de boulanger. Disposant au contraire de pépinières à proximité immédiate du lieu de plantation, il devient inutile de les botteler, vous les emporterez en vrac dans une hotte, sur une brouette, ou une voiture à âne, en arrachant le soir ceux que vous devrez planter le lendemain matin, en arrachant le matin ceux que vous devrez planter le soir. Nous sommes loin, comme vous le voyez, des semaines d'arrachage des plants de votre pépiniériste, et je puis vous certifier que, arrachés dans ces conditions, vos plants repartiront dans la proportion de 95 à 98 %.

§ 3. — *Précautions à prendre pour la création
et l'organisation d'une pépinière.*

La première, encore une vérité de M. de la Palice, sera de choisir un terrain profond que l'on puisse cultiver, il vous faut au moins 0 m. 40 de terre meuble, avec un sous-sol perméable pour que votre terrain ne soit pas mouilleux. Faites donc au préalable un sondage pour vous rendre compte de l'état de votre sol et de votre sous-sol.

La deuxième sera de partager votre pépinière en quatre carrés de contenance inégale. Un bon plant doit avoir le plus de chevelu possible; il faut même provoquer ce chevelu et le développer pour permettre au plant de surmonter la crise qu'il aura à traverser lors de sa plantation. Si vous le laissez plusieurs années de suite à la même place dans le même carreau de pépinière, la terre finit par se tasser, surtout à la fin de l'hiver à la fonte des neiges, votre plant vivant dans la terre compacte ne pourra développer son chevelu. Ce sera le but du rigolage qui espacera vos plants à intervalles réguliers, assez éloignés les uns des autres pour que les racines ne s'enchevêtrent pas et ne vivent pas en symbiose, et que vous mettrez dans un carreau nouvellement bêché, pour que la terre soit bien meuble.

Donc, dans le carré 1, je sémerai en 1929, par exemple.

Dans le carré 2, je sémerai en 1930.

Dans le carré 3, je rigolerai en 1931 les plants semés en 1929 dans le carré 1, qui devient vide et que je resème cette même année.

Dans le carré 4, je rigolerai en 1932 les plant du carré 2.

En 1933, j'arracherai les plants du carré 3 (ils ont 4 ans) pour les mettre en place, et je les remplacerai par les plants semés en 1931 dans le carré 1.

En 1934, j'arracherai les plants du carré 4 pour les mettre en terre et les remplacerai par les plants semés en 1932 dans le carré 2.

Et ainsi de suite.

D'ailleurs pour que mes carreaux 3 et 4 soient bien meubles et bien cultivés lorsque je commencerai mes rigolages, j'autoriserai mon garde à les cultiver en pommes de terre en 1929 et 1930.

Mais les carreaux de rigolage doivent être plus grands que les carreaux de semis, puisque le rigolage a pour but de desserrer les plants. Il faut compter que vos carreaux de semis occuperont le tiers de la surface de votre pépinière, vos carreaux de rigolage les deux autres tiers.

Une troisième précaution sera de clôturer votre pépinière. Je ne dis pas de la clôturer par un mur en maçonnerie qui vous coûtera fort cher, et qui nuira considérablement à votre pépinière, car il empêchera l'air de circuler librement, et sera une cause de desséchement de votre sol en cas de grandes chaleurs. Il ne s'agit pas ici de se protéger des voleurs et des vandales, qui cependant existent, nous le verrons plus tard. Dans la circonstance, appliquons le vieil adage de nos pères : « A Dieu va ». Mais nous sommes ici en pleine forêt, et les hôtes naturels de nos bois, chevreuils, cerfs et sangliers sont parfois fort gênants. Je vous assure qu'une troupe de sangliers (ces laboureurs de la forêt, nous disait jadis à l'École notre bon professeur) venant chercher leur nourriture dans un carreau nouvellement semé, ou une harde de cerfs ou de chevreuils venant brouter les jeunes pousses de vos plants rigolés vous auront en une nuit nettoyé tout votre travail de 1, 2, 3 et 4 ans. Nous la clôturerons donc en perches de bois coupées dans la forêt voisine, assez rapprochées les unes des autres pour éviter que les sangliers ne passent à travers, assez élevées pour que cerfs et chevreuils, tout en pouvant évidemment sauter s'ils étaient chassés, ne cherchent pas cependant à la franchir s'ils ne sont pas traqués. Une barrière de 1 m 20 de haut, en perches distantes de 0 m 30 est largement suffisante.

§ 4. — *Culture et fumure.*

Pour avoir de beaux plants, je ne saurais trop le répéter, il faut développer le chevelu, il faut donc que vos plants naissent, croissent et prospèrent dans de la terre meuble. Le sapin est en outre une essence pivotante. Il vous faut donc une terre profonde, pour que ce pivot puisse se développer normalement. Il vous faudra donc défoncer votre terre, surtout vos carreaux de rigolage, qui devront être cultivés assez profondément pour que le pivot ne soit jamais gêné; 0 m 40 de profondeur ne seront pas de trop. Il vous faut donc absolument un bêchage et un bêchage sérieux, mais un labour serait insuffisant, à moins de prendre une défonceuse. Oh! alors.......

Ce bêchage vous reviendra à 25 francs l'are, en supposant que vous payez vos ouvriers 2 fr. 50 l'heure, qui est le prix de base dont nous nous servirons dans tous nos calculs et nos prix de revient pour travaux de pépinières. Toutefois, lorsque vous aurez créé votre pépinière, et que vous bêchez pour la première fois, le travail sera plus long, il vous faudra décaper le sol pour supprimer toute la végétation herbacée ou autre se trouvant à la surface, il vous faudra purger votre sol des cailloux qu'il renferme, des racines de ronces, de framboisiers ou autres morts-bois, il faut compter six jours à l'are pour ce travail, bêchage compris, soit une dépense une fois faite de 150 francs.

Vous profiterez d'ailleurs de ce bêchage pour fumer votre pépinière à raison de un demi-mètre cube de fumier à l'are, soit en moyenne une dépense de 15 à 20 francs encore, transport compris à pied d'œuvre.

Certains, il est vrai, vous recommanderont d'employer des engrais chimiques. Au risque de me faire traiter de vieux radoteur, je ne vous cache pas que je ne les aime pas. Je ne veux pas certes, en vous énonçant cette maxime, condamner par principe les engrais chimiques. Je reconnais au contraire que vous avez de plus beaux plants, bien vigoureux; mais je ne puis oublier (et c'est là une idée toute personnelle) que je fais dans mes pépinières non pas des plants à vendre, que je vendrai d'autant plus cher qu'ils sont plus beaux, mais des plants à mettre en terre, le plus souvent dans des terres pauvres. Aussi le jour où je transplante mes plants de ma pépinière dans leur emplacement définitif, c'est-à-dire le jour où je leur impose déjà une crise par cette transplantation, je leur en infligerai une seconde en les mettant dans un terrain chimiquement plus pauvre que celui de la pépinière, où je les aurai habitués à se gaver d'azote et de potasse. Du bon fumier de ferme me semble de beaucoup préférable, surtout si vous lui faites subir la préparation suivante qui vous coûtera moins cher que l'achat d'engrais chimiques : achetez votre fumier un an d'avance, et amenez-le en forêt à proximité de votre pépinière; mélangez-le à 2 ou 3 mètres cubes de feuilles mortes d'essence feuillue, retournez le tas 2 ou 3 fois dans l'année, vous aurez un terreau de première qualité pour engraisser votre pépinière; surtout quand vous avez déjà fait 2 ou 3 récoltes de plants dans votre pépinière, ce terreau empêchera votre sol de s'épuiser et le reformera au point de vue fertilité.

§ 5. — *Semis en pépinière.*

Ma terre est prête, je n'ai plus qu'à semer. Savez-vous semer des carottes et surtout des petits pois, vous savez alors semer du sapin, c'est-à-dire que vous ferez dans votre terre bien bêchée, bien ratissée, bien émiettée une rigole de 1 cm 5 à 2 centimètres de profondeur dans laquelle vous mettrez une ligne continue de graines.

Pour faire cette rigole, vous aurez trois moyens :

Ou bien de prendre un cordeau et de tracer votre rigole avec une houe à main; je ne vous recommande pas ce moyen, il est trop long et surtout irrégulier.

Ou bien de prendre, et je préfère ce moyen, la planche à semer. C'est une latte en bois de la longueur de vos carreaux de pépinière, de 25 à 27 millimètres d'épaisseur qu'avec un rabot je taillerai en biseau, de telle sorte que mon biseau ait 2 centimètres de hauteur au maximum. Je poserai mon biseau sur le sol; par une pression suffisante exercée sur ma planche aux deux extrémités, je l'enfoncerai de la hauteur du biseau. En trente secondes, j'ai 4 mètres de lignes creusées en terre, je répéterai cette opération 3 fois à 10 centimètres d'intervalle, j'aurai ainsi trois lignes faites en un rien de temps. Par exemple toutes les trois lignes, je ferai un sentier un peu plus large permettant de circuler entre les lignes pour mettre la graine en terre, puis ultérieurement pour sarcler ou pour biner.

En une heure, un garde aidé par son brigadier, ou par sa femme ou même par un de ses enfants, vous aura fait 100 lignes de 4 mètres qui est la longueur usuelle de vos carreaux.

En une heure, il vous aura rempli ces lignes de semences.

En une heure, il vous les aura recouvertes de terre au moyen de son rateau.

Une troisième méthode consiste à prendre une latte de 4 centimètres de large et de 17 millimètres d'épaisseur, en somme une latte taillée dans une volige des Vosges. Vous l'appliquez à plat et vous l'enfoncez en marchant dessus (photo n° 1), jusqu'à ce qu'elle soit de niveau avec le sol : vous aurez donc une raie de 4 centimètres de large et de 17 millimètres de profondeur que vous remplirez de graines en ayant soin qu'elles soient sur une seule couche, sans se superposer, mais qu'elles se touchent les unes les autres. Par ce moyen, qui est le meilleur, vous aurez le maximum de semis sur le minimum de surface.

Quelle quantité semerez-vous en pépinière? Par les deux premiers procédés, si vous semez bien, c'est-à-dire si vous faites une ligne régulière de graines se touchant, vous emploierez 6 kilos à l'are; si votre semeur a la main lourde ou si vous prenez la seconde latte indiquée, il vous faudra 10 kilos : au-dessus de ce chiffre, c'est du gaspillage et de l'argent perdu, mais dans le premier cas vous aurez 18.000 semis à l'are, dans le second, vous aurez 30.000 semis.

§ 6. — *Graines à employer.*

Mais où vous procurez-vous votre graine? allez-vous m'objecter en m'ajoutant, le sourire aux lèvres : « Ah! vous avez voulu éviter le marchand pépiniériste, eh bien! vous voilà obligé de recourir au marchand grainier, vous êtes bien avancé. » Pardon, ami lecteur, vous répondrai-je, je continue à préférer ce que je fais moi-même, et je me passerai du grainier comme je me suis passé du pépiniériste, je ferai moi-même ma graine, car je veux être certain de la valeur et de la qualité de la graine que j'emploie.

De la valeur, parfaitement; je peux la produire entre 4 et 5 francs le kilo, quand le commerce me l'offre entre 14 et 16 francs, je vous le démontrerai tout à l'heure.

De la qualité, il n'y a pas matière plus périssable que la graine de sapin, parce qu'extrêmement riche en térébenthine elle fermente avec une facilité remarquable, et ma graine devient inerte, et justement parce qu'elle est extrêmement fermentescible, elle ne se conserve pas d'une année à l'autre; je n'ai pas envie que mon grainier m'envoie à l'automne 1929, par exemple, un vieux fond de tiroir récolté en 1928, qu'il n'aura pas trouvé moyen d'écouler l'an dernier.

Je récolterai donc ma graine, et la préparerai moi-même. Pendant longtemps, j'ai fait une récolte en petit, juste ce dont j'avais besoin, puis, comme je réussissais bien, on m'a demandé d'augmenter ma production, finalement de 100 kilos en 1919, je suis passé à 2.400 kilos en 1927, à 3.500 kilos cette année, et arriverai l'an prochain à en faire de 8.000 à 9.000 kilos.

Je m'empresse de déclarer qu'il y a peu de reboiseurs ayant besoin de faire pareille récolte, mais si je vais vous mettre au courant de ce qui se passe en grand à Saint-Dié-des-Vosges, c'est que cela d'une part pourra vous donner des idées pour récolter en petit votre graine vous-même, et d'autre part vous démontrera qu'en matière de graines de sapin il faut être très méticuleux, si vous ne voulez pas courir à un échec certain.

Pour avoir de la graine, il suffit de ramasser des cônes (décidément M. de la Palice est enfoncé par mes axiomes) mais, entendons-nous, je ne ramasserai pas des cônes par terre, car lorsqu'ils tombent de leur arbre, tous les nids sont ouverts, toutes les graines sont envolées, toutes les écailles sont dispersées, et vous ne trouverez jamais par terre de cône de sapin (photo n° 2).

Donc l'un des deux, ou bien je repèrerai un arbre portant beaucoup de cônes, et j'abattrai l'arbre pour y cueillir les « cocottes », ou bien je ferai monter un grimpeur sur mon arbre pour aller les chercher tout en haut, car c'est à l'extrême cime qu'ils se trouvent.

Si vous avez un are ou deux à ensemencer, je vous conseillerai d'abattre un arbre qui pourra vous donner 80 kilos de cônes, c'est-à-dire 10 kilos de graines, vous éviterez ainsi les accidents qui peuvent arriver à votre grimpeur et qui le plus souvent sont simplement des chutes mortelles; mais s'il vous faut de grosses quantités, il faut recourir au grimpeur. A Dieu va.

Un bon grimpeur vous récoltera 700 à 800 kilos de cônes de sapin par jour, s'il a bon œil pour repérer les arbres les mieux fournis, et surtout s'il a bon pied pour grimper aux arbres avec ses crampons. La récolte commencera vers le 15 septembre dans les sapinières à basse altitude, c'est-à-dire de 200 à 600 mètres, vers le 1er octobre dans les sapinières au-dessus de 600 mètres; elle ne durera pas plus de quinze jours dans chacune de ces stations, car au 1er octobre à basse altitude, au 15 octobre à haute altitude, vos cônes seront presque vides.

Les cônes une fois récoltés, vous les mettrez dans des sacs pour les emporter dans un endroit sec, à l'intérieur d'une maison. Première précaution à prendre : dès qu'ils sont arrivés, ouvrez les sacs, videz-les et étalez leur contenu sur un grenier, sinon au bout de vingt-quatre heures l'intérieur de votre sac sera brûlant, au bout de quarante-huit heures, vous le verrez fumer; c'est, résultat de la fermentation, l'eau hygrométrique de vos cônes qui s'en va sous forme de vapeur d'eau, et qui est d'autant plus abondante que votre mois de septembre a été plus pluvieux et que votre récolte s'est faite par temps humide. Mais que voulez-vous, il faut prendre le temps comme il vient, dit le vieux proverbe. Et ce sera contre cette fermentation que, tout du long de la préparation de vos cônes, vous devrez réagir. Quand vous en aurez assez pour votre consommation personnelle, envoyez le surplus à la sécherie forestière du Haut-Jacques, près Saint-Di,é on vous les traitera à condition qu'ils n'aient pas séjourné plus de vingt-quatre heures dans vos sacs.

Que fait-on dans cette sécherie? Permettez-moi de vous faire faire le tour de cet établissement industriel (?).

La sécherie du Haut-Jacques, nom pompeux, il est vrai (photo n° 3), est tout simplement une ancienne maison forestière de garde cantonnier; supprimé le garde, la maison était vide; elle comprend au rez-de-chaussée, deux pièces de 4 × 4 mètres, une cuisine avec âtre de 4 × 3 mètres, une étable pour 2 vaches; au premier, deux petites chambres à coucher, un grenier à foin. Et c'est tout. Elle fut cependant augmentée au printemps 1928 d'un grand hangar en bois de 8 × 5 mètres accolé à l'ancienne maison, comprenant trois étages disposés de telle sorte que chaque étage du hangar soit de plein-pied avec un étage ou un grenier de l'ancienne maison. Voilà la sécherie, située en bordure de la grand'route de Saint-Dié à Épinal, accessible donc à tous les camions et à toutes les voitures.

L'inspection comprend neuf brigades, chacune a au moins un grimpeur, certaines en ont deux. Les cônes sont emportés tous les soirs chez un garde qui, dès qu'il a 2.000 ou 2.500 kilos étalés sur son grenier, les remet un beau matin dans des sacs et les expédie au Haut-Jacques le jour même; dès leur arrivée, les sacs sont vidés, et leur contenu étalé sur tous les planchers sous une épaisseur de 40 à 50 centimètres. Étant donnée la quantité reçue, 20.000 kilos en 1927, 27.000 kilos en 1928, on a multiplié dans la maison les surfaces d'évaporation, en créant des planchers supplémentaires, coupant les greniers en 2 ou 3 étages. *Tous les jours*, les préposés de la brigade du Haut-Jacques munis de pelles ou de fourches, retournent les cônes, faisant passer au-dessus ceux qui sont en dessous, et vice versa. Un mois après environ, les cônes commencent à sécher et à se désarticuler, vous avez alors un mélange de cônes, d'écailles, de graines et d'ailes. Ce mélange est passé successivement sur trois claies en treillage métallique à mailles de plus en plus fines; la première à mailles de 30 millimètres est destinée à trier les cônes non désarticulés des écailles et des graines provenant des cônes désarticulés. Les premiers sont remis au séchage dans une pièce; les graines et écailles sont passées sur une seconde claie à mailles plus petites (14 millimètres) qui séparera les écailles d'un côté des graines et impuretés légères; les écailles sont emportées dans une pépinière établie dans l'ancien terrain du garde adjacent à la maison pour y être brûlées, et constituer un engrais potassique pour cette pépinière, les graines et impuretés légères sont passées sur une troisième claie à mailles encore plus fines (environ 7 millimètres) pour être séparées. Les graines sont alors passées au tarare pour les nettoyer et expurger les ailes brisées, et même une bonne partie des graines vaines, qui, d'un poids plus léger, sont expulsées par le souffle du tarare. D'ailleurs ce passage au tarare sera répété plusieurs fois, et notamment au moment des envois de graines pour en sortir le plus possible de graines vaines.

La graine purifiée, nettoyée, est alors répandue sur des grandes claies formées d'une toile métallique bordée d'un cadre en bois, toile qui permet à l'air de circuler à travers les graines, ce qui empêche la fermentation et favorise l'évaporation de l'eau contenue dans la graine (1.000 kilos de graines perdent au bout de deux mois environ 50 kilos d'eau).

Les graines sur les claies sont sur une épaisseur de 10 à 15 centimètres; malgré cette faible épaisseur elles sont remuées et agitées tous les jours pour lutter contre la fermentation. D'ailleurs c'est dans le même but qu'à partir du jour où les cônes entrent dans la sécherie, la maison n'est qu'un vaste courant d'air, portes et fenêtres restent ouvertes nuit et jour.

Je vous ai dit tout à l'heure qu'après le passage sur la première claie, je séparais les cônes désarticulés de ceux qui ne l'étaient pas, et que ces derniers étaient remis au séchage. Vous constaterez au bout de peu de temps que ce sont les graines du milieu du cône qui sortent les premières, mais que la queue et surtout la tête du cône sont beaucoup plus difficiles à désarticuler; les écailles sont plus serrées, et pour désarticuler celles-ci, vous aurez besoin de recourir au fléau que nos grand-pères prenaient pour battre leur grain. Toutefois ici un conseil : ne cherchez pas à pousser trop loin ce battage, et à désarticuler les 2 ou 3 dernières rangées d'écailles ; elles renferment bien des graines, mais elles sont vaines. Le grainier, lui, cherchera à vous les donner, parce que cela fait du volume et du poids et comme il la vend au kilo... ; la sécherie du Haut-Jacques ne vous les enverra pas parce qu'elle brûle ces extrémités de cônes. Le résultat, c'est que votre grainier ne vous certifiera que 25 % de germination ; avec la graine du Haut-Jacques, vous obtiendrez un rendement variable avec les années évidemment, mais qui a atteint jusqu'à 40 à 45 %. Je vous vois d'ici protester, vous aurez tort, 40 % est un résultat superbe ; rien n'est délicat comme la graine de sapin, et ce n'est pas pour rien que dame Nature vous répand des trillions et des quatrillions de graines dans une forêt, pour que vous ayez quelques milliers de semis naturels.

Je vous ai indiqué tout à l'heure l'organisation de la sécherie, du moins ce qu'elle fut jusqu'en 1927. En 1928, une grande modification a été apportée. L'Inspection a reçu ordre d'augmenter la production de la sécherie ; elle a répondu par....... une demande de crédits de 20.000 francs. Il était en effet indispensable de supprimer toutes ces manipulations à la main pour les remplacer par des manipulations mécaniques. Le travail ci-dessus énoncé exigeait la présence chaque jour, y compris les dimanches, pendant trois mois, de 3 hommes, renforcés de 2 autres trois jours par semaine, mais on ne pouvait songer à leur faire retourner plus de 20.000 kilos de cônes par jour. Deux solutions pouvaient être envisagées pour résoudre ce problème, l'une physique, l'autre mécanique. La solution physique serait basée sur le fait que le cône de sapin se désagrège tout seul quand il est parfaitement sec : il suffirait donc de le mouvoir sur des planchers, roulant à l'intérieur d'une pièce dans laquelle on organiserait un courant d'air chaud. Ce système ne pouvait être installé dans la maison forestière du Haut-Jacques, les pièces de la maison étant trop petites, et leur agencement assez décousu s'opposant à pareille organisation. On s'est donc arrêté à la solution mécanique qui est la suivante :

On a prévu l'installation de tambours de 1 m 50 de long, de 1 m 20 de diamètre, tournant à l'allure de 25 tours à la minute sur 2 tourillons placés à l'extrémité de chaque tambour, tambours en treillage métallique galvanisé à mailles de 30 millimètres et mis en mouvement par un moteur à essence de 8 HP. Les cônes sont mis dans ces tambours, et ils sont remués, aérés, manipulés, triturés à une vitesse ne permettant pas à la force tangentielle d'agir ; la désarticulation se fait en quelques minutes (5 à 6 minutes par 100 kilos de cônes verts, 3 à 4 minutes pour des cônes ayant 15 jours de séchage). Les produits de cette désarticulation sont passés dans un nouveau tambour de même longueur, mais à mailles de 14 millimètres, puis dans un troisième de même dimension à mailles de 7 millimètres, enfin dans le tarare, qui maintenant au lieu d'être mû à la main est actionné par le même moteur.

C'est la première année que cette installation fonctionne; je ne pourrai établir le prix de revient total et certain que lorsque toutes les expéditions seront faites, c'est-à-dire pas avant le 15 janvier prochain, mais je puis vous l'indiquer pour la récolte de 1927 expédiée au commencement de 1928.

La sécherie en 1927 a reçu 20.000 kilos de cônes qui ont produit 2.575 kilos de graines, réduits à 2.400 kilos au bout de deux mois de dessication; elle a dépensé :

Pour la récolte (grimpeurs),
Pour le transport en sécherie,
Pour la manipulation en sécherie,
Pour achat de sacs, .
Pour transport des graines en gare de Saint-Dié.

la somme exacte de 11.400 francs. Faites le compte, cela fait tout juste 4 fr. 75 le kilo; le grainier la vendait au minimum 14 francs le kilo à l'automne 1927.

Quand j'établirai le prix de revient avec l'organisation mécanique ci-dessus, je devrai tenir compte de la consommation d'essence qui est d'environ 3 litres par 1.200 kilos de cônes (ce qui représente donc une dépense de quelques centimes au kilo de graines en fixant le prix du litre à 2 fr. 25) mais le prix de revient se trouvera diminué du fait que les manipulations au lieu de durer trois mois n'ont duré que vingt et un jours pour désarticuler 27.000 kilos, et qu'il n'y a plus qu'à remuer la graine sur les claies pendant trois semaines, ce qui est beaucoup plus facile que de remuer les cônes. Je ne ferai du reste pas rentrer dans ce calcul l'amortissement du matériel, ce dernier se trouvant amorti en moins d'un an. L'économie obtenue est en effet, chiffres ronds avons-nous vu, de 9 francs au kilo, somme égale à la différence entre le prix d'achat dans le commerce et le prix de revient en sécherie; ce qui, sur une production de 3.500 kilos faits dès la première année, représente une somme de 31.500 francs; or l'installation a coûté 22.000 francs.

Si vous êtes désigné pour recevoir, du magasin de Saint-Dié, de la graine, elle vous sera expédiée en grande vitesse, chaque expédition vous étant annoncée vingt-quatre heures d'avance par une lettre d'envoi où l'on vous donnera certaines recommandations. En voici le modèle :

MINISTÈRE DE L'AGRICULTURE — DIRECTION GÉNÉRALE DES EAUX ET FORÊT[S]

9ᵉ CONSERVATION   INSPECTION DE SAINT-D[IÉ]

GRAINES DE SAPIN

MAGASIN DE SAINT-DIÉ

J'ai l'honneur de faire connaître à Monsieur ....

à ....

que conformément aux ordres de l'Administration et de Monsieur le Conservateur des Eaux et Forêts à Épinal, j[e]
mis à la gare de Saint-Dié à la date du .... pour être expédiées en gran[de]
vitesse, les quantités suivantes de graines de sapin .

Numéro d'Ordre de la Conservation	Numéro des acquits	Quantités	NOMS et ADRESSES	OBSERVATIONS
				Le destinataire est pri[é] d'ouvrir les sacs immédia[-]tement et d'étendre le[s] graines sur un planche[r] très sec et à l'air sous un[e] très faible épaisseur, afi[n] d'éviter l'échauffement
				Dans le même but, le[s] graines sont mélangées [à] du foin qu'il conviendr[a] de bien secouer pour évi[-]ter des pertes de graine[s] dans les sacs.

Je vous prie de vouloir bien renvoyer les feuillets B des acquits à caution à Monsieur le Conservateur à Épin[al]
par l'intermédiaire de vos chefs hiérarchiques et les sacs, le plus tôt possible, à l'adresse suivante

Monsieur l'Inspecteur Principal des Eaux et Forêts
21, rue Stanislas à SAINT-DIÉ (Vosges)

Je vous demande en outre de bien vérifier le poids à l'arrivée, me signaler les manquants ainsi que toutes vo[s]
observations et suggestions relatives à la façon dont cet envoi vous a été adressé.

A SAINT-DIÉ, le ....

L'Inspecteur Principal des Eaux et Forêts,

T. S. V. P.

RECOMMANDATIONS IMPORTANTES

1° Prière de vérifier si les plombs de fermeture des sacs sont intacts à l'arrivée. N'accepter les colis que sous cette réserve, des manquants ayant été constatés dans des envois antérieurs qu'il peut y avoir lieu d'imputer à la Compagnie à charge par le destinataire d'en rendre compte sans délai.

Toutefois, le poids du colis peut être inférieur de 1 pour cent à celui annoncé sur les feuilles d'expédition, par suite de l'évaporation en cours de route de l'eau hygrométrique contenue dans la graine.

2° Les sacs doivent être renvoyés à l'inspection de Saint-Dié en un ou plusieurs paquets à raison de un par jour par franchise postale ; ils ne devront en aucun cas être renvoyés par colis en grande vitesse en port dû ; tout colis envoyé de cette façon sera refusé par l'Inspection, elle entraîne pour le Trésor des dépenses inutiles.

3° **La graine doit être employée sans faute au plus tard dans les premiers jours du printemps qui suit sa réception** ; faute de quoi elle est bonne à jeter, la graine de sapin ne se conservant jamais pendant l'été.

§ 7. — *Époque des semis en pépinière.*

Vous avez reçu votre graine; quand allez-vous la semer? La lettre d'envoi ci-dessus le dit implicitement, le plus tôt possible pour éviter qu'en la gardant chez vous elle ne se mette à fermenter. Vous ne pourrez cependant la semer ni si votre sol est recouvert de neige, ni si votre terre est gelée, parce qu'elle ne s'émiettera pas bien. Le rêve, c'est de mettre sa graine en terre à l'automne, que quelques jours après votre sol soit recouvert de 10 à 20 centimètres de neige qui mettra votre graine à l'abri du froid et de tous ses ennemis que nous verrons plus loin, qui de plus, en fondant au printemps, humidifiera cette graine et en facilitera la germination. D'ailleurs, n'est-ce pas ce que fait la nature, qui répand la graine au gré des vents en octobre, la recouvre de neige quand elle est arrivée à terre et la fait germer au printemps?

Mais si vous avez reçu votre graine trop tard, si votre sol est gelé, quand vous voulez la semer, si vous n'avez pas de neige qui la mette à l'abri du gel, si..., si... si en un mot vous avez eu la guigne ou si vous avez manqué de flair, conservez cette graine au sec en l'étalant sur un grenier à courants d'air, et semez-la au printemps, en avril ou mai, suivant l'altitude de votre pépinière.

§ 8. — *Rigolages.*

Vos semis ont levé et vous donnent la première année un verticille de feuilles cotylédonaires, vous les laisserez l'année suivante vous faire une pousse. Voici donc deux ans que votre sol n'a été remué, il est devenu compact; d'autre part, vous avez des lignes bien fournies, où les plants se touchent, si votre graine était bonne, si, bien traitée, elle a bien germé; il faut les desserrer d'une part, il faut développer leur chevelu d'autre part, en leur fournissant une terre bien meuble; ce sera le but du rigolage.

Pour bien rigoler, je devrai avoir plusieurs préoccupations :

a) Mettre mes plants à intervalles suffisants pour que le chevelu puisse se développer;

b) Disposer régulièrement ces plants pour ne pas perdre de place;

c) Disposer mes lignes pour que je puisse circuler dans ma pépinière et la sarcler facilement, autrement dit faire de belles lignes et les espacer convenablement entre elles. L'espacement sera de 0 m 10, faisant toutes les 3 lignes un espacement de 0 m 25 pour pouvoir circuler entre les lignes.

Pour obtenir la régularité d'espacement des plants dans chaque ligne et la régularité d'espacement des plants entre chaque ligne, je pourrai employer quatre procédés :

1° Le rigolage à la planche plate. C'est une volige de 15 millimètres d'épaisseur, de 10 centimètres de large et d'une longueur totale égale à la largeur de mon carreau de pépinière. Elle porte une encoche tous les 5 centimètres. Vous posez votre latte à plat sur la terre bien nivelée, puis au moyen d'une pioche, vous creusez le long de la latte un sillon, non pas tout à fait vertical, mais un peu en oblique sous la latte, comme le montre schématiquement la figure suivante :

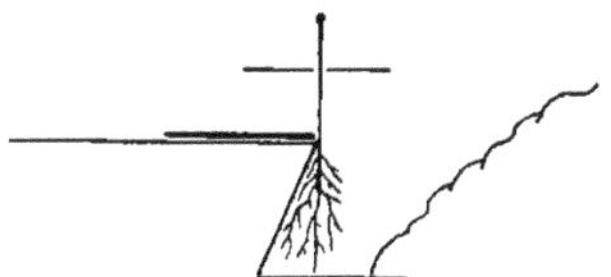

Ce sillon a une hauteur égale à celle de la tige et des racines de vos plants à rigoler. Vous mettrez ensuite un plant en face de chaque encoche, et vous rebouchez votre sillon. Vos plants sont rigolés. Vous voyez de suite la raison pour laquelle je vous conseille de tailler la terre en oblique sous la latte, c'est pour permettre aux racines de votre plant de bien s'étaler et de ne pas être pressées contre une paroi verticale.

Ce système de rigolage a l'avantage de vous donner une pépinière bien régulière, jolie à voir, qui se présente bien à l'œil. En outre, par suite des encoches faites dans la planche, la régularité est obtenue sans perte de temps.

Deux ouvriers vous rigoleront facilement 3.500 plants par jour, soit 1.700 à 1.800 par ouvrier.

2° La planche à clous. C'est une planche semblable à la précédente, mais dans laquelle, tous les 5 centimètres, vous enfoncez un clou un peu long. Vous posez votre planche sur le sol, et vous enfoncez vos clous en terre. En oscillant légèrement 2 ou 3 fois votre planche de droite à gauche, vous faites un trou en terre tous les 5 centimètres. Il ne vous reste plus qu'à mettre un plant dans chaque trou, et avec le doigt à le reboucher de terre. Vous rigolerez par ce procédé 2.000 plants par ouvrier et par jour, au lieu de 1.800, mais je ne vous le recommande pas, il est très mauvais.

Les trous faits par cette planche (peu importe que les clous aient été remplacés par des chevilles coniques en bois, pour gagner du temps et éviter d'osciller la planche, car dans ce cas il suffit de marcher sur la planche pour enfoncer les chevilles en terre), les trous faits, dis-je, ne sont pas assez grands pour permettre aux jeunes racines de bien s'étaler, vous les pressurez dans un trou; bien heureux si vous n'en laissez pas une partie à l'air; en tout cas, toutes se replient en boule autour du collet. Votre plant est mal rigolé, puisque ce que vous avez fait n'a pas pour résultat de développer le chevelu.

3° Il existe une autre planche à clous qui est préférable. C'est une volige, en général de 4 mètres de long et de 15 millimètres d'épaisseur. Sur le côté de cette latte de 10 centimètres de large, vous enfoncez tous les 5 centimètres un clou sans tête. A 5 millimètres de chacun des clous vous en enfoncez un autre, vous laissez dépasser ces clous de 2 centimètres en dehors de votre planche; vous mettez alors votre planche horizontalement sur 2 trépieds et vous mettez un plant dans chacune des encoches. Vous avez ainsi sur 4 mètres de long 100 plants. Vous transportez alors votre planche avec ces 100 plants sur votre pépinière, dans laquelle vous avez taillé un sillon comme si vous vous serviez d'une planche plate, mais en ayant soin de faire ce sillon plus profond que la hauteur de vos racines; vous rebouchez votre sillon en émiettant bien votre terre : vous la tassez légèrement par une pression sur le sol, et vous retirez votre planche horizontalement en la glissant par terre; vos plants sont mis en terre tous en même temps.

Le système est bon, il est pratique, il est rapide (vous ferez à deux ouvriers plus de 4.000 plants par jour), il vous permet de savoir exactement le nombre de plants contenus dans votre pépinière, il vous suffit de faire une encoche, une raie ou un coup de craie sur votre planche chaque fois que vous l'avez remplie de plants; autant de raies, autant de fois 100 plants (photo n° 4).

Mais pour que l'ouvrage soit bien fait, il vous faut faire enfoncer vos clous avec beaucoup de soin; il faut que les plants entrent et surtout sortent très facilement de leurs encoches quand vous tirez la planche, sinon vous les déchausserez; aussi est-il préférable de ne pas mettre les clous parallèles comme dans la figure schématique suivante, mais en oblique l'un à droite, l'autre à gauche.

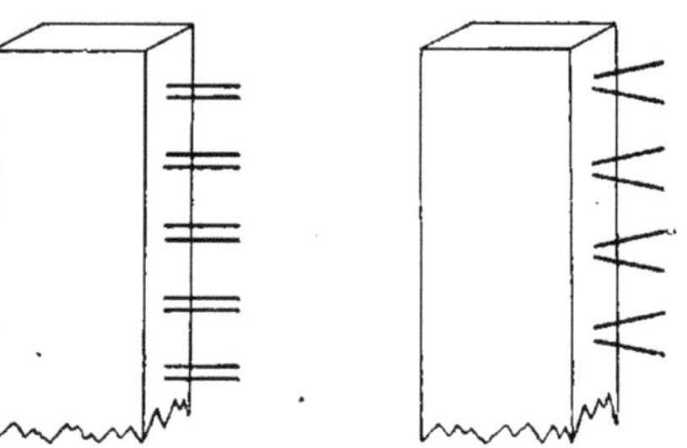

4° Le cordeau, oui le simple cordeau, dont vous vous servez pour repiquer vos choux et vos salades, est encore à mon avis de beaucoup préférable. Tout bien pesé, tout bien réfléchi, c'est encore lui que je préfère à toutes ces planches à rigoler.

Avec le cordeau, on pourrait croire que l'espacement des plants est moins régulier. Lorsqu'on emploie des ouvriers assez intelligents et quelque peu expérimentés, on arrive à une régularité de distance qui ne varie pas plus de 1 millimètre ou 2. En compensation, le grand avantage du cordeau est qu'on peut enterrer les plants à la profondeur désirable et variable pour chaque plant, tandis qu'avec la planche à clous, les racines sont mal disposées; avec la planche ordinaire, il est forcé que les plants sortent d'une certaine hauteur pour que le premier verticille porte sur la planche. Pour bien rigoler des plants de 2 ans qui ne sont pas gros, il est nécessaire de les enterrer très/profondément, juste assez pour ne pas les étouffer; lorsqu'après les premières pluies, la terre s'est en effet tassée, le plant se trouve juste à la hauteur convenable; avec les planches à rigoler, il arrive au contraire très souvent qu'à la suite de ce tassement les racines sortent de terre, surtout si vous avez eu du déchaussement produit par le gel et le dégel. On peut dire que, lorsqu'un rigolage est manqué, 99 fois sur 100 c'est le résultat d'une mise en terre insuffisante.

Au cordeau, quelque habile que soit votre ouvrier, il n'en fera guère que de 1.500 à 1.600 par jour. Mais laissez-moi vous indiquer un moyen pour que le travail ne vous coûte pas plus cher. Faites-le faire par des femmes. Ce travail, qui mérite pas mal d'attention, est bien mieux fait par les femmes, sans autres instruments que leur cordeau et une pioche; elles n'ont besoin ni de planches, ni d'encoches, ni de clous, ni de mètres; leurs yeux et leurs doigts leur suffisent et comme vous les payez moins cher que les hommes, il se trouve que l'opération ne coûte pas plus cher. Ce que je vous dis là est évidemment peu flatteur pour la gent masculine, et pour vous, lecteur qui en faites partie; mais que voulez-vous, depuis 30 pages, je dis aux gens leurs vérités, pourquoi voudriez-vous que je ne vous dise pas les vôtres, espérant en compensation qu'une lectrice, s'il s'en trouve une, m'adressera un sourire. Oh! le fat.

En tout cas mes plants, je vous assure, se trouveront très bien d'avoir été traités par des mains féminines, et je les laisserai deux ans en terre, époque au bout de laquelle ils auront 4 ans, dont 2 de rigolage; 48 mois de nourrice, c'est assez de soins et de farniente, ils ont 0 m 15 de hauteur au minimum, deux beaux verticilles; ils, sont assez grands et assez forts pour engager cette lutte pour la vie, qui existe chez les végétaux comme chez les animaux; dites adieu, mes enfants, à tous les soins, à toutes les précautions dont je vous entoure depuis quatre ans; je vous arrache et je vous emmène en votre lieu définitif, jusqu'au jour où je vous condamnerai à mort, en vous livrant à la hache des bourreaux.

§. 9. — *Maladies et accidents les plus fréquents en pépinière. Soins à donner, précautions à prendre.*

Dame nature est toujours bonne pour les plants, parfois elle vous a cependant de ces coups de boutoirs qui font bien des victimes. Après vous avoir donné un beau printemps, bien chaud, qui fait débourrer vos bourgeons, va te promener, à la lune rousse de mai, elle vous envoie 5, 6 à 8° au-dessous de zéro; voilà vos jeunes pousses rôties et jaunies. Pour comble, trois mois après, elle vous envoie 35° à l'ombre; voilà vos plants grillés.

En une nuit de printemps, elle vous supprime tout le fruit de votre travail de quatre ans, en vous rendant des infirmes à 3 et 4 têtes; en quelques heures d'été, elle vous fait passer tous vos plants de vie à trépas.

.Ce n'est pas admissible, il faut réagir.

Les gelées printanières. — Lorsque le printemps est chaud, que la végétation, se mettant en marche, débourre vos bourgeons qui se développent en pousses d'un vert tendre, le bourgeon terminal de la tige le dernier, lorsque par là-dessus, arrive une bonne pluie à laquelle succède un matin un beau rayon de soleil, l'eau de votre sol s'échappe en vapeur d'eau, qui condensée par une température trop basse, se transforme en glace. C'est la gelée printanière; mais si vous recouvrez votre sol pour éviter cette évaporation, et cette congélation, vous ne souffrirez pas de la gelée. Les vignerons, eux, réagissent en créant des nuages artificiels; ils surveillent leur thermomètre, se font réveiller même par des thermomètres automatiques et se précipitent, comme un artilleur à sa pièce, au moment psychologique. Mais comment obtenir cela d'un garde, surtout s'il a 2, 3, 4 pépinières; il ne pourra arriver à temps sur chacune, aussi il ne se dérange pour aller sur aucune. Laissez-moi vous indiquer, après bien des essais, le moyen qui m'a donné des résultats infaillibles et excellents. En créant votre pépinière, vous mettrez aux 4 coins de chaque carreau, 4 solides piquets en bois émergeant de 0 m 50 de terre. Dans le sens de la longueur du carreau, vous réunirez vos piquets 2 par 2, par un solide fil de fer galvanisé, fixé à la partie supérieure du piquet par 2 bons cavaliers. Vous obtiendrez ainsi 2 lignes parallèles fixes. Puis, prenant dans votre hotte de fil de fer des morceaux d'une longueur un peu supérieure à l'écartement de ces lignes, vous faites à chaque extrémité une boucle. Vous réunissez ainsi vos 2 lignes par 15, 20 lignes de fil de fer mobiles, pouvant glisser sur les lignes fixes. Vers le 15 avril, vous faites glisser vos fils mobiles de façon à les mettre à égale distance les uns des autres, distants entre eux de 0 m 20 à 0 m 25; puis, sur ces fils de fer, vous étalez des genêts, des branches de sapin, vous arrangeant en outre pour que ces branches débordent sur les côtés et empêchent un courant d'air qui se produirait entre le sol et ce matelas (photo n° 5). Saint Mamert, saint Pancrace et saint Protais ont-ils souhaité chacun leur fête, autrement dit les saints de glace de nos bons cultivateurs sont-ils passés, vous pouvez les découvrir, à moins que vous ne préfériez les laisser jusqu'à la Saint-Urbain, date fatidique de nos vignerons. En tout cas le 25 mai, enlevez vos branchages et reglissez vos fils mobiles aux deux extrémités pour vous permettre de sarcler et de biner. Vous les remettrez en place dans un an.

En 1928, le 10 mai, nous avons eu, dans la région vosgienne, 8° au-dessous de zéro, succédant à une chute de neige qui avait duré douze heures. Bien des semis naturels, bien des arbres ont été gelés (sapin, hêtre, frêne), les pépinières recouvertes n'ont pas eu un plant gelé.

Mais juillet et août sont vite arrivés, nous amenant des chaleurs caniculaires. Il faut encore protéger vos plants. Mais au fait, les protéger contre quoi, contre les rayons solaires, ce désinfectant merveilleux, qui guérit toutes les maladies, même la tuberculose? Ce n'est pas possible. Et en effet ce n'est pas vrai, ce soleil fera le plus grand bien à vos plants de sapin (essence d'ombre!) à condition que par ailleurs ils aient encore de l'eau à sucer dans le sol. C'est donc votre sol et non pas vos plants qu'il faut protéger contre le soleil, et son action desséchante. Pour cela, vous vous rappellerez les instructions de notre vieux professeur de l'Agro, M. Schribaux : Un binage vaut deux arrosages. Vous binerez donc votre pépinière et aussitôt après vous recouvrirez votre sol d'une bonne couche de mousse, que vous avez été récolter dans la forêt d'à côté. Vous éviterez ainsi l'évaporation de l'eau de votre terre. Vous éviterez du reste en même temps la production entre vos lignes de plants d'une nouvelle poussée de mauvaises herbes, et vous éviterez par suite en même temps de faire des sarclages trop nombreux.

Sont-ce là les deux seuls accidents qui puissent arriver à vos plants? Combien grande est votre erreur. D'abord vous avez des végétaux, la mauvaise herbe, puis vous avez des animaux, par exemple les oiseaux qui viennent se gaver de vos graines quand elles germent, vous avez des rongeurs, comme les souris et les mulots, qui viendront danser des sarabandes dans vos lignes de graines non germées et qui, en bons rats des champs qu'ils sont, vous en mangeront une bonne partie, pour emporter le reste dans leurs greniers à grains; vous aurez les taupes qui viendront vous faire des galeries sous vos lignes de plants rigolés, et en fait de développement de chevelu, vous mettront vos racines dans des poches sans terre; vous aurez des écureuils qui viendront se faire les dents en vous grignotant des graines et des pousses, vous aurez enfin des renards à deux pattes, qui s'appellent l'homme, et qui viendront vous arracher vos plants. Voyons donc ce que vous ferez contre chacun.

Les mauvaises herbes. — Elles vous auront le double inconvénient de se nourrir aux dépens de vos plants et, se nourrissant à merveille grâce à vos fumures, de pousser outre mesure en étouffant vos plants. Un seul remède, arrachez-les, autrement dit sarclez votre pépinière. Il vous faudra 2, si ce n'est pas 3 sarclages, dans l'année, à moins que vous n'ayez recouvert votre sol de mousse, ce qui ne vous obligera de faire qu'un seul sarclage.

Les oiseaux. — Une graine de sapin germant vous pousse une tigelle surmontée d'abord d'un chapeau, c'est votre graine qui monte à 1 ou 2 centimètres au-dessus du sol, puis le chapeau tombe, et 4 à 6 jolies petites aiguilles vert jaune, toutes menues, apparaissent. Quel délicieux régal pour des oiseaux qui, tout du long de l'hiver, se sont mis la ceinture.

Ayez quelques moineaux, quelques fauvettes ou quelques rossignols dans les environs, vous verrez tous ces oiseaux, dénommés utiles à l'agriculture, vous supprimer votre planche de semis en quarante-huit heures. Simple conseil, et conseil simple, s'il n'est pas toutefois très régulier : mettez quelques pièges à ressort, le premier moineau qui se fait prendre se débat comme un diable dans un bénitier; tous ses confrères disparaissent de ces lieux que leur instinct leur montre malsains.

Les rongeurs. — Si vous voyez vos graines venir à la surface, vous pouvez être sûr que votre pépinière est visitée par des souris et des mulots. Mettez-vous en embuscade au coin, sans bouger, et sans faire de bruit, vous verrez bientôt poindre des museaux pointus qui viendront bousculer vos lignes (et je vous assure qu'ils ne se tromperont pas sur le sens et la direction de vos lignes), qui de leurs pattes vous grattent la terre de droite et de gauche, sortent les graines et les grignotent. Continuez à ne pas bouger dans votre coin, et au bout d'un quart d'heure vous verrez vos souris et mulots zigzaguer de droite et de gauche. C'est qu'en effet ils sont complètement saouls, ils ont tellement avalé de graines, de résine et de térébenthine qu'ils sont ivres comme un homme qui aurait bu de l'éther.

Aussi si vous craignez les mulots et les souris, semez donc un peu de grain empoisonné en mélange à vos graines de sapin. Les sels de cuivre dont vous vous servez pour empoisonner votre grain tuent ce grain, qui ne germera pas et ne vous envahira pas de mauvaises herbes.

Ou bien mettez du virus Pasteur.

Ou bien encore, et je vous recommande ce moyen, ne fumez jamais un carreau que vous allez ensemencer, surtout évitez le fumier de cheval, qui renferme toujours des graines non décomposées qui attirent les souris. Fumez-le un an avant l'ensemencement, faites y cultiver des pommes de terre par votre garde à son profit l'année où vous fumez, mais ne semez du sapin que l'année suivante, ou bien semez dans un carreau d'où vous avez extrait des plants à repiquer. Mais de là résulte cette conclusion pratique, c'est qu'au lieu d'avoir quatre carreaux dans votre pépinière comme dans la pépinière schématique citée plus haut, vous en aurez cinq : deux en plants rigolés, deux en semis de sapin, un en semis de pommes de terre; je vous assure que votre garde n'y perdra pas, il fera une bonne récolte qui lui fera plaisir et lui fera rendre de bonne volonté bien des services que sans cela vous auriez payés cher. D'ailleurs ce carré ne sera pas bien grand, puisque, nous l'avons vu, il vous faut 3 ares pour rigoler les semis faits sur un are.

Les taupes. — Il n'y a qu'un moyen, c'est de les piéger; votre garde vous fera cela très volontiers, surtout si vous lui recommandez de garder les peaux et si vous lui donnez l'adresse d'un marchand de fourrures qui les lui achètera fort cher.

Il en sera de même des écureuils, dont votre garde se fera au surplus une délicieuse gibelotte marinée au vin rouge.

L'homme enfin, cet animal malfaisant au plus haut point, le plus malfaisant de tous les animaux, car c'est le plus difficile à prendre. Mais de deux choses l'une, ou bien les plants ont été arrachés et sont restés sur place, c'est alors une vengeance contre votre garde, auquel vous ferez faire un procès-verbal contre inconnu. Envoyez ensuite ce procès au procureur de la République avec la liste des délinquants contre lesquels votre garde a verbalisé depuis un an. Il est à peu près sûr que votre gaillard est un de cette liste. Vous arriverez à le retrouver par le procureur qui le fera cuisiner par les gendarmes, et qui y arriveront d'autant plus facilement que vous aurez pu relever quelques traces de sabot ou quelques clous de souliers dans les allées de votre pépinière.

Ou bien vos plants ont été arrachés, mais se sont envolés, ils ont disparu. Mettez alors en mouvement vos gardes le plus rapidement possible, et faites-leur rechercher tous les terrains qui viennent d'être reboisés. Munis de ce renseignement, allez visiter toutes ces plantations et arrachez dans chacune avec soin quelques plants; comparez la terre qui est encastrée dans le chevelu de ces plants avec la terre de votre pépinière. Vous pouvez être sûr que vous retrouverez vos plants, que vous reprendrez après avoir doté votre voleur d'un bon procès. C'est ainsi qu'un garde trouvait un jour un bon paysan qui avait planté dans des terrains schisteux des plants qu'il avait volés dans une pépinière installée dans du grès rouge, et que, vice versa, un autre garde prenait un autre voleur ayant planté dans des terres rouges des plants venus d'une pépinière à sol granitique. Des justes sanctions infligées par le tribunal les ont corrigés pour l'avenir, faisant en outre réfléchir ceux qui auraient voulu les imiter.

Vous ajouterai-je que je n'ai jamais eu d'invasion cryptogamique dans des pépinières de sapin? En existe-t-il? cela se peut, je ne vous l'assurerai pas, mais je n'en ai pas vu, je ne puis donc vous en parler.

En compensation, j'ai eu dans une pépinière de gros dégâts par un puceron du groupe des hémiptères, puceron qui vivait sur les racines, les mangeait et supprimait le chevelu en totalité, ne laissant que le pivot trop dur à digérer. Pour m'en débarrasser et essayer d'éviter la contamination des carreaux voisins, j'avais d'abord pensé, et on m'avait conseillé, d'injecter le sol de sulfure de carbone. J'avoue que j'ai reculé devant cette opération, au surplus fort coûteuse. Bien m'en a pris d'ailleurs, la nature fait bien mieux les choses. Je vis bientôt apparaître des fourmis qui se multiplièrent, sucèrent mes pucerons et me les firent à peu près disparaître.

§ 10. — *Prix de revient des plants en pépinière.*

Établissons notre grand-livre, et pour qu'on ne m'accuse pas de partialité, je compterai la journée d'homme à 25 francs, la journée de femme à 17 fr. 50, alors qu'on arrive souvent à se procurer de la main-d'œuvre à meilleur compte.

Il me faut pour un are de semis :

Au maximum 10 kilos de graine. 47ᶠ 50
Un bêchage d'un are (1 journée d'homme). . . . . 25 »
Ratissage, nivellement, confection des sentiers (1/2 journée) 12 50
Semaille (1/2 journée). 12 50

La première année de semis :

3 sarclages faits par des femmes, 3 journées à 17 fr. 50. . . . 52 50
1 journée pour couverture de mousse après germination. . . 17 50

La deuxième année de semis :

2 sarclages . . . . 35 »
1 journée pour couverture de mousse 17 50

Si vous avez semé à la latte plate de 4 centimètres de large,
vous aurez 30.000 plants à l'are pour lesquels il vous faudra
3 ares pour les rigoler, la dépense s'élève à :

Fumure, 0ᵐ³ 500 à l'are, soit 1ᵐ³ 5 à 35 francs 52 50
Bêchage, 3 journées d'homme. . . . . 75 »
Rigolage à faire par des femmes à 11 fr. 25 le mille. 395 75

La première année de rigolage :

2 sarclages et 1 journée de recouvrement en mousse, soit 4 journées par are et pour 3 ares . . . . 210 »

La deuxième année de rigolage :

2 sarclages, soit 6 journées à 17 fr. 50. . . . . 105 »
Extraction des plants à 2 fr. 25 le mille. 64 15
1.122ᶠ 40

Ajoutons encore pour dépenses imprévues, telles que le recouvrement de vos plants contre la gelée, et je suis large. 77 60

Ceci vous fait ressortir la dépense totale à . . . . 1.200ᶠ »

Mais vous avez eu un déchet, mettons au maximum 5 %, il reste
donc 28.500 plants et le prix de revient du mille de plants est de
1.200 : 28,5 = 42ᶠ 10, mettons encore 45 francs chiffres ronds·
Nous sommes loin des 250 francs ou même des 160 francs de votre
pépiniériste et des 95 francs de vos plants pris sur les talus et les
routes.

'ART. 4. — DES PLANTATIONS PROPREMENT DITES

§ 1. — *Quels terrains reboiser en sapin.*

Je devrai d'abord tenir compte, et je me rappellerai, que sous la
latitude de la Bretagne et de la Normandie, dans un climat frais et
humide, le sapin, dit aussi sapin de Normandie, vient au bord de la
mer; que sous la latitude des Vosges, le sapin vient à partir de 200 mètres d'altitude jusqu'à 1.100 mètres; que sous celle de Marseille, Té,
mon Bon, il lui faut au moinsse 1.000 mètres.
Je me rappellerai ensuite que le sapin est un gourmand, qui veut

des bons terrains, où il trouve de quoi digérer et se sustenter; je me rappellerai par ailleurs qu'il veut de l'eau, donc un sol frais, mais qu'il n'en veut pas trop, donc pas un sol mouilleux; peu importe que le terrain soit calcaire comme dans le Jura ou granitique comme dans les Vosges, pourvu qu'il soit profond, car c'est une essence pivotante. J'éviterai donc de le mettre sur un terrain siliceux, composé de sable pur, peu importe que ce sable soit au sud ou même au nord. Du sable pur est toujours sec, donc le sapin n'y viendra pas; en compensation, un sol argileux exposé en plein midi peut très bien lui convenir s'il reste frais en été; j'éviterai également de le mettre dans un sol où la roche affleure.

Quant à savoir si mes plants auront de l'ombre ou non, ceci, je m'en inquiète fort peu. Je m'en inquiéterai, nous le verrons plus loin, mais à un tout autre point de vue. Donc je pourrai reboiser une friche en plein soleil.

Pendant longtemps, il est vrai, pour créer des sapinières, on a cru qu'il était indispensable de créer une forêt intermédiaire, le plus souvent de pin, sous laquelle on installait le sapin. Et cependant notre grand maître M. Broilliard ajoutait : « Méfiez-vous, les terres à sapin sont des terres à pinasses, mais les terres à pinasses très souvent ne sont pas des terres à sapin. » C'est qu'en effet le pin qui s'acclimate avec le sapin, c'est le pin sylvestre, qui, lui, viendra très bien dans du sable sec et brûlant, mais qui le jour où vous lui donnez une bonne terre vient encore mieux.

Mais on peut dire, sans crainte d'exagération : quand le sapin est à son altitude, altitude variant suivant les latitudes, il viendra toujours bien s'il a un sol frais, profond, et nutritif, peu importe son exposition, peu importe l'abondance de soleil qu'il recevra.

§ 2. — *Époque des plantations.*

Au risque de me faire extrêmement maltraiter, je commencerai par vous dire : « Ne plantez pas pendant la sève. » Je vous vois d'ici vous demander si l'auteur de ces lignes est vraiment sain d'esprit pour avoir l'audace d'avancer pareil axiome, tellement il est encore digne de M. de la Palice. Et cependant je n'ai pas tort, puisqu'il y a quelques années, me promenant en montagne, je tombais un jour, qui était un 4 août, sur un chantier d'ouvriers plantant consciencieusement des sapins. Mon premier mouvement, il est vrai, fut de vouloir leur prodiguer reproches sur sottises pour tout cet argent jeté en terre en pure perte, mais le second mouvement (toujours le meilleur) fut de me dire : « Mon vieux, f...iche le camp et ne dis rien, cela ne te regarde pas. » Mais réellement je m'en allais la rage au cœur et la larme à l'œil. Ah! quand donc fera-t-on une bonne loi Grammont punissant ceux qui n'appliqueront pas ce grand principe : « Soyez bons pour les végétaux »?

Qu'auraient-ils dit, tous ces ouvriers, lorsqu'ils sont à table en train de digérer un bon festin, si j'allais troubler leur digestion? pourquoi en font-ils autant avec ces pauvres petits plants de sapin qui étaient encore à table pour deux mois?

En compensation, quand mes plants ont fini leur digestion, choisirai-je la fin de l'automne, l'hiver ou le commencement du printemps?

J'avoue que tout bien réfléchi, je préfère la plantation d'automne.

En hiver, en effet, rien à faire, ou bien mon sol est recouvert de neige, et je ne verrai pas ce que je ferai, ou bien mon sol est gelé, et non seulement mes ouvriers perdront beaucoup de temps à faire leurs potets, mais en outre pour boucher ces potets, ils n'auront plus de terre, ils auront des mottes de terre gelées avec lesquelles ils ne pourront pas rechausser les plants.

Au printemps, étant donné que je ne dois pas planter en sève, je ne sais quand la sève commence à monter. Quand les bourgeons terminaux des branches commencent à grossir, me direz-vous. Pardon, il est déjà trop tard, si ces bourgeons grossissent, c'est que la sève est déjà en mouvement.

A l'automne, au contraire, à partir du 15 octobre, même si la sève n'est pas complètement arrêtée, je ne crains rien. Mon plant est sur le point d'entrer en léthargie pour une période de 4, 5, 6 mois, il est sur le point de s'endormir. Son extraction de terre me produit l'impression d'un malade entre les mains d'un chirurgien qui voit son patient sur le point de s'endormir, et qui lui administre une ultime ration d'éther ou de chloroforme pour aller plus vite.

Ma plantation d'automne a d'ailleurs un autre avantage. Pour qu'un plant vive, il lui faut une adhérence parfaite entre la terre végétale qui le nourrit, et ses racines qui l'absorbent. L'arrachage du plant de pépinière a supprimé cette adhérence, il faut la reconstituer. En mettant ces plants en terre au printemps, l'époque est venue pour que les racines et radicelles se mettent au travail, mais elles le font avec peine et mon plant souffre parce que cette adhérence n'est pas complète. En plantant au contraire à l'automne, toute l'eau tombée en hiver, toute la neige fondue qui s'est infiltrée lentement, mais sûrement, en terre, ont amené un tassement de la terre sur les racines, ont produit une adhérence parfaite entre l'une et les autres. Mon plant souffrira moins au printemps quand les racines voudront travailler.

Je sais bien qu'en plantant à l'automne, vous craindrez le déchaussement produit par le gel, mais si votre plantation est faite suivant les règles de l'art, que nous verrons plus loin, vous n'avez pas grand'chose à craindre, sauf dans de très rares terrains calcaires.

Permettez-moi au surplus de vous donner un bon conseil. Si vous le pouvez, le comble de l'art sera de faire vos potets au printemps, mais de n'y mettre des plants et de ne reboiser ces potets qu'à l'automne seulement. Si vous pouvez le faire, je vous garantis une réussite de 99 %. La raison en est bien simple; vos plantations sont rarement faites dans des terres meubles, vous les faites soit en forêt pour combler des vides, pour enrésiner des taillis, soit dans des friches qui, depuis fort longtemps, ne sont pas cultivées si jamais elles l'ont été, c'est-à-dire en somme dans des terrains compacts et mal aérés. En faisant au contraire vos potets au printemps, en ne les rebouchant qu'à l'automne, vous mettez votre terre à l'air, et lui permettez de s'oxygéner largement. Vos plants, je vous le certifie, s'en trouveront à merveille.

Je dois reconnaître cependant que souvent il est difficile (surtout en y joignant les règles de la comptabilité publique) de planter à l'automne, principalement avec la pénurie de plus en plus grande d'ouvriers agricoles, que vous n'arriverez à recruter que lorsque toutes les récoltes seront rentrées, c'est-à-dire pas avant fin octobre. Si, pour comble, une gelée survient de bonne heure, la terre commence à geler, il n'y a plus rien à faire. Et cependant vos plants sont beaux en pépinière, ils sont forts, les laisser un an de plus en pépinière leur sera funeste parce que l'an prochain ils seront trop forts et que la crise de la transplantation leur deviendra néfaste. Il n'y a pas à hésiter, vous les planterez au printemps prochain avant qu'ils ne commencent leur cinquième année, en poussant toujours votre cri de guerre : « A Dieu va ! » La vie n'est-elle pas une lutte perpétuelle ?

§ 3. — *Nombre de plants à l'hectare.*

Il est courant d'entendre dire et même de voir planter à 1 mètre en tous sens, autrement dit 10.000 plants à l'hectare. Je ne saurai trop protester contre pareille pratique, recommandée au surplus surtout par les pépiniéristes, du moins ceux qui ne sont pas consciencieux, et auxquels vous vous adressez pour vous faire un devis, comme le font, malheureusement pour eux, certains propriétaires voulant reboiser des friches.

Un arbre pour vivre a besoin d'une cime au soleil, même le sapin. Mais je dis une cime, c'est-à-dire un ensemble de branches munies d'aiguilles, qui constituent ses poumons. Et il est indispensable que l'importance de ces poumons soit proportionnelle à la grosseur de l'arbre. Mais je n'appellerai pas cime un malheureux bout de plumet à l'extrémité d'un grand bâton. Il faut que cette cime puisse s'élargir au fur et à mesure que l'arbre grossit, et pour cela qu'elle ait un espace suffisant dans le ciel pour se développer. Supposez le soleil à midi juste, il projettera sur le sol une ombre ayant la forme de la cime de l'arbre, en général forme circulaire, dont le tronc occupera le centre; la surface de ce cercle sera égale à la surface occupée dans l'espace par la cime de votre arbre; c'est ce qu'on appelle souvent la surface terrière de la cime, qu'il ne faut pas confondre avec la surface terrière du tronc. Des experts forestiers qui étaient en même temps des forestiers très experts, et notamment M. Algan, ont établi que cette surface terrière des cimes dans un peuplement bien équilibré était égale à 10 fois le diamètre de l'arbre plus un, autrement dit, donc, que la distance entre deux arbres doit être égale, si le peuplement est normal, à 10 D + 1. D'où nous déduirons sans peine qu'en supposant une forêt d'une régularité parfaite, il y aura à l'hectare :

```
275 pieds d'arbres d'un diamètre de . . . . . . .   50 cm
365                 —              . . . . . . .   45
400                 —              . . . . . . .   40
540                 —              . . . . . . .   35
625                 —              . . . . . . .   30
800        .        —              . . . . . . .   25
1.110               —              . . . . . . .   20
```

Ainsi donc à 25 ou 30 ans, vous aurez 1.110 pieds d'arbre, et vous voulez aujourd'hui en planter 10.000, autrement dit en vingt-cinq ans, alors que vos bois seront encore petits, il faudra en supprimer 8.890 sur 10.000. D'où trois dépenses qu'en ce qui me concerne je trouve considérablement inutiles :

1º Fourniture de 8.890 plants appelés à disparaître dans un avenir tout proche;

2º Mise en terre inutile de ces 8.890 plants;

3º Coupe et enlèvement sous forme de nettoyage d'abord, d'éclaircie ensuite, de 8.890 pieds d'arbre dont :

le premier quart est sans valeur,

le second quart aura la valeur de rames à haricots,

le troisième quart aura la valeur de tuteurs,

le dernier quart aura la valeur de petites perches.

Pour exploiter les trois premiers quarts, je serai obligé d'embaucher en régie de la main-d'œuvre, et surtout, au prix actuel de cette main-d'œuvre (si j'en trouve au surplus par ces temps de pénurie), les produits de la coupe ne couvriront pas ces frais.

Évidemment, de ce que mes arbres de 0 m 20 sont au nombre de 1.110 à l'hectare, autrement dit sont à 3 mètres de distance les uns des autres (10 × 0,2 + 1), je n'en déduirai pas que je planterai à 3 mètres. Il ne faut pas oublier que, quand on reboise, le but poursuivi est non pas de faire des arbres, mais de faire un peuplement; il faut notamment pour cela que l'élagage naturel se fasse dans de bonnes conditions, et que, pour ce faire, les tiges soient assez serrées. A 3 mètres les uns des autres, il est certain que vos sapins seraient trop espacés, ils s'étaleraient en largeur, ils feraient des sapins carottes.

Avant guerre, je vous aurais conseillé 1 m 50 en tous sens; faites le calcul : au lieu de 10.000 plants à l'hectare, cela vous en fait seulement 4.444. Je dis avant guerre; ah! le bon temps, vous achetiez vos plants à 18 francs le mille, vous payiez vos ouvriers pour les mettre en terre entre 4 et 5 francs par jour.

Maintenant soyons de plus en plus économe. Je vous proposerai et je crois ma proposition honnête et raisonnable, 1 m 50 sur 2 mètres, cela fera 3.333 plants à l'hectare.

Certains reboiseurs que j'ai vus à l'œuvre, même depuis la guerre,
s'enragent à vouloir continuer à planter à 1 mètre de distance :
« Cela, disent-ils, fait pousser mes plants plus vite », c'est-à-dire que
ceux-ci prétendent obtenir de leurs plants que, dès leur plus jeune
âge, ils engageront cette lutte pour la vie aussi terrible chez les végétaux que chez les animaux, et qui consiste à pousser en hauteur,
à gagner le soleil plus vite que son voisin pour pouvoir développer
ensuite sa cime en largeur et étouffer ce voisin. La méthode a du
bon pour obtenir des arbres bien élancés, bien droits, mais est-il si
nécessaire de pousser cette lutte tellement à l'extrême qu'en leur
donnant seulement 0 m 50 de plus en tous sens, vous économisiez
près de 6.000 plants à l'hectare. Voyez la dépense supplémentaire
que cela vous cause, puisque nous avons vu dès le début qu'un
ouvrier peut planter 200 plants par jour; 6.000 plants vous repré-
senteront donc :

30 journées à 25 francs	750f	»
Valeur de 6.000 plants, en supposant que vous les fassiez vous-		
même.	240	»
Total.	990f	»

Vous économisez donc 990 francs à l'hectare, cela vaut la peine.

§ 4. — *Comment planterons-nous?*

En principe, la plantation sera faite en lignes. C'est une règle qui
doit être à peu près absolue et générale. Nous verrons en effet que la
plantation une fois faite, il est encore des soins qu'il faut lui prodiguer, notamment la dégager des herbes et morts-bois qui tendraient
à l'étouffer; il faut donc retrouver facilement ses plants. Plantés en
lignes, les plants pourront toujours être retrouvés, il vous suffit
d'en voir deux pour avoir le sens de la ligne. Cette précaution sera
du reste primordiale quand vous ferez de l'enrésinement de taillis
où vous devrez faire des dégagements pendant plusieurs années.

Cette règle ne comportera d'exception que quand vous ferez des
regarnis de petits vides en pleine forêt.

Mais pour planter, de quels instruments vous servirez-vous? En
principe, d'une pioche et d'une bêche : une pioche pour décaper le sol
et enlever la végétation herbacée le recouvrant, une bêche pour
faire les potets. Je dis bien une bêche; certains, il est vrai, pour
aller plus vite soi-disant, feront leurs potets avec la même pioche.
Mais, Grands Dieux! quels potets feront-ils? de 0 m 10 de profondeur,
dans lesquels les racines du plant ne pourront se développer. C'était
bien la peine de rigoler mes plants en pépinière et de leur constituer
un beau chevelu, pour les tasser ensuite dans une prison. Non, je ferai
des bons potets de 0 m 30 sur 0 m 30 au minimum, de 0 m 35 × 0 m 35
encore mieux, et qui auront de 0 m 30 à 0 m 35 de profondeur. Remarquez au surplus que ces dimensions sont un peu supérieures aux

dimensions d'un fer de bêche, et que, pour faire ces potets, il faudra que votre ouvrier s'y reprenne à 2 et 3 fois, ce qui aura l'avantage de l'obliger, qu'il le veuille ou non, à travailler un peu sa terre, à l'émietter, et à la rendre bien meuble.

Nous avons vu dès le début que les ouvriers sont répartis en chantier de quatre : l'un décapera, le second bêchera, le troisième ira chercher les plants et les répartira dans chaque potet, le quatrième rebouchera. Mais pour reboucher, vous prendrez l'ouvrier le plus intelligent et surtout le plus consciencieux. La réussite de la plantation dépend en effet de lui. Se contente-t-il en effet de coller dans le fond du potet une motte de terre, d'apppliquer un vigoureux coup de pied avec le talon de son sabot ou de son soulier, votre réussite est bien compromise. Prend-il d'abord un peu de terre bien ameublie par la bêche pour en soupoudrer les racines, puis rebouche-t-il petit à petit son potet de terre en terminant par la remise en place de la motte d'herbe enlevée par le décapeur, la réussite est à peu près certaine, surtout s'il a bien tassé sa terre sur la motte de gazon. Oh ! pour faire ce tassement, qu'il évite de donner des coups de talon sur la motte de gazon, il risque de mutiler le plant; qu'il se contente d'exercer une pression lente et progressive avec la plante du pied. Cette pression est d'ailleurs indispensable pour éviter le déchaussement du plant.

Un mode de plantation avantageux est celui de la bêche demi-circulaire. Le fer de cette bêche est en forme d'hélice. Elle est emmanchée au bout d'un solide manche en bois d'une hauteur égale à la distance entre le sol et les mains de l'homme, ses bras étant tombants, c'est-à-dire un manche pas très long; au bout de ce manche et à la partie supérieure se trouve une douille permettant de mettre un autre manche perpendiculaire au premier. D'un vigoureux coup en terre, l'ouvrier enfonce son fer de bêche dans le sol; tenant son outil par les deux mains, il donne un demi-tour à droite, puis un demi-tour à gauche, et il retire sa bêche; il retire en même temps une motte de terre qui a la forme d'un pain de sucre, et le potet est fait. Un deuxième ouvrier met un plant dans ce trou, le troisième rebouche le potet en mettant le cône de terre dans le trou. Ce système a l'avantage d'être rapide, d'économiser un ouvrier, une plantation faite à la bêche demi-circulaire coûte par suite 25 % moins cher qu'une plantation à la pioche et à la bêche plate.

Mais il a des inconvénients. Si vous voulez faire un bon potet, il vous faut un fer de bêche de 0 m 25 de hauteur; aussi l'outil est lourd, ce qui lui permet d'entrer facilement en terre, mais il est fatigant à manier; il vous faut recruter comme ouvriers de solides gars. Or, par le temps qui court, on prend les ouvriers comme on les trouve et non pas comme on les veut.

Ce mode de plantation ne peut en outre être employé que dans des terrains argileux pour pouvoir retirer votre cône de terre, mais dans des terrains granitiques où les cailloux abondent, le cône de terre se défait et retombe dans le trou. Enfin, il vous faut un terrain sans cailloux, sinon vous ébrécherez la pointe de votre bêche, qui, au bout de peu de temps, deviendra inutilisable.

En tout cas, pour planter du sapin, vous éviterez surtout de le planter à la charrue. Je sais bien que c'est là un mode très économique pour planter des essences feuillues; une charrue vous fait une raie, un ouvrier marchant derrière la charrue met les plants dans cette raie, la raie suivante en rejetant la terre vous recouvrira les racines de terre. Mais une semblable plantation, si elle est vite faite, est des plus défectueuses pour plusieurs raisons :

La première, c'est que les plants ne sont pas plantés verticalement mais mis en terre horizontalement. S'ils reprennent, ils seront tous tordus à la patte.

Je dis : s'ils reprennent, car c'est la deuxième, la plus sérieuse : c'est qu'en effet l'adhérence entre la terre et les racines n'est pas obtenue, vos plants sont recouverts d'une motte de terre et non pas de terre. Cette méthode, qui réussit pour des chênes, est néfaste pour des sa pins; elle doit être condamnée.

§ 5. — Précautions à prendre pour exécuter une plantation.
Soins à lui donner.

Nous avons vu qu'en pépinière, les gelées printanières étaient des plus à craindre, comme étant néfastes aux plants. Elles ne le sont pas moins quand les plants sont en terre; elles sont même beaucoup plus dangereuses, parce qu'en pépinière, vous arrivez à vous en garantir par le moyen très simple que je vous ai indiqué, mais comment couvrir des hectares et des hectares de plantation? si théoriquement c'est possible, pratiquement c'est ruineux. En compensation, s'il est impossible de couvrir artificiellement ces plants, nous déduirons qu'il nous faut favoriser un couvert naturel, et même s'il n'existe pas, le provoquer pour empêcher les plants de geler. Une première précaution à prendre, quand vous commencerez une plantation, sera donc de ne pas supprimer les couverts qui recouvrent votre sol. Ayez une friche envahie de genêts, vous ne devrez pas les supprimer, tout au plus les éclaircir légèrement s'ils sont trop épais et trop hauts. Avez-vous une clairière envahie par la ronce et les framboisiers? ayez bien soin, contrairement à une pratique beaucoup trop répandue, de ne pas supprimer ce roncier, il vous constituera un parapluie merveilleux contre la gelée et une ombrelle excellente contre l'action desséchante du sol par le soleil en été. Avez-vous (et cela je vous le souhaite ardemment, car c'est le meilleur couvert), avez-vous des semis naturels de bouleau ayant envahi votre friche? conservez précieusement ces semis et plantez à leur abri dès qu'ils ont 40 ou 50 centimètres de haut. Reboisez-vous un pré que l'on ne récolte plus depuis plusieurs années? Ayez bien soin de ne pas faucher l'herbe qui vous forme un matelas épais : plus elle sera grande et compacte, plus vous aurez de chances de voir vos plants épargnés par la gelée en hiver, par le desséchement du sol en été.

Et si vous n'avez pas ces couverts, me direz-vous. Créez-les, c'est ce que vous ferez de mieux. C'est un travail préparatoire indispensable, et je vous assure que ce sera plus vite fait que de recourir à cet usage antique qui consistait à créer d'abord une forêt de pin. Quel couvert créer? Le meilleur, vous ai-je dit, est celui du bouleau, mais chacun sait que, tandis que le bouleau se sème parfois naturellement tout seul avec la plus grande abondance, les semis de main d'homme réussissent très rarement. En tout cas, en ce qui me concerne, 3 fois j'ai essayé, 3 fois j'ai échoué malgré toutes les précautions prises. La couverture que je vous conseillerai et qui celle-là m'a réussi chaque fois que je l'ai employée, c'est celle du genêt. Vous pouvez sans grands frais récolter de la graine et la semer, si votre terrain lui convient, toutefois; au bout de quatre ans, vos genêts auront 50 à 60 centimètres de haut. Que dis-je, quatre ans? Mais c'est justement le temps qu'il vous faut pour avoir des plants en pépinière. Quand vos plants seront bons à mettre en place, votre terrain sera prêt à les recevoir.

Inutile d'ajouter, je pense, le conseil qu'il sera formellement interdit de laisser pâturer l'herbe de votre plantation; à ce point de vue, surveillez bien votre garde si lui-même possède des vaches.

Un autre soin consistera, deux ans après l'avoir faite, à venir remplacer dans votre plantation les manquants, c'est-à-dire les plants décédés.

Mais au bout de trois ans, dès que vous verrez que vos plants ont repris et sont partis, qu'ils commencent à vous faire un beau verticille au bout d'une longue pousse, vous pouvez sans crainte parcourir votre plantation, la serpe à la main, coupant, taillant tous ces genêts et tous ces couverts qui ne servent plus à grand'chose qu'à entraver vos sapins dans leur croissance. Toutefois vous continuerez à respecter vos bouleaux qui s'accommodent très bien de venir en commun avec le sapin, et qui dans vingt ans pourront vous donner du bon bois de râperie.

§ 6. — *Prix de revient d'une plantation.*

Ce prix est facile à déduire de tous les renseignements fournis précédemment.

Il nous faut 3.500 plants à l'hectare, y compris les regarnis, ceux-ci comptés largement.

Reportez-vous aux chiffres que j'indiquais au début, vous y verrez qu'un chantier de 4 ouvriers peut planter par jour :

800 plants dans une friche avec gazon tendre et sans pierres.
600 plants dans une forêt dévastée, meuble et sans pierres.
500 plants dans une forêt recouverte de ronces, genêts et morts-bois.
400 plants dans un terrain avec mauvais gazon et racines de toutes sortes.

Eu supposant que vos ouvriers soient payés chacun 20 francs par jour (2 francs de l'heure) (et je prends ce chiffre de 20 francs au lieu de 25 comme pour les pépinières, parce que les plantations se font quand les travaux des champs sont terminés, et que vous trouvez alors de la main-d'œuvre plus facilement et à meilleur compte que pour les travaux de pépinière qui se font toute l'année) votre plantation, si vous faites vous-même vos plants, vous coûtera, compris la valeur des plants que vous avez produits :

Dans le premier cas.	497ᶠ
Dans le deuxième cas	612
Dans le troisème cas.	707
Dans le quatrième cas	847

somme que vous majorerez ultérieurement de 40 francs par hectare pour dégagements de semis.

Mais je suppose les plants faits par vous-même. Si vous achetez ces plants dans le commerce à 150 francs le mille, prix extrêmement minime, on vous les offre plus souvent à 180, 200 et 250 francs, le coût de la plantation augmentera de près de 400 francs à l'hectare. Vous voyez la différence.

Et si pour comble, vous avez eu la malencontreuse idée de vous adresser à un pépiniériste qui vous démontrera par $a + b$ qu'il vous faut planter à raison de 10.000 plants à l'hectare, votre plantation, dans les meilleures conditions de sol possible, vous reviendra à :

10.000 plants à 150 francs	1.500ᶠ
Mise en terre	1.000
Total.	2.500ᶠ

Votre pépiniériste a fait une bonne affaire à vos dépens, alors que je pourrai vous montrer de mon côté parmi toutes les plantations que j'ai déjà faites :

1º D'abord des enrésinements de forêts de hêtre dans la région de Bains-les-Bains, qui ne coûtaient même pas 100 francs l'hectare, mais avant la guerre;

2º Des plantations à l'abri de genêts semés préalablement à la plantation dans la région d'Arches près d'Épinal, et sur la commune de Lusse près Saint-Dié;

3º Une ferme détruite par la guerre près du col de Sainte-Marie-aux-Mines, et dont tous les champs reboisés en sapin ont coûté, en 1923, 450 francs l'hectare (photo nº 6);

4º Des friches à Saulcy-sur-Meurthe, reboisées en 1927, qui me sont revenues à 427 francs l'hectare.

CHAPITRE II

Les semis de sapin pectiné en terrain naturel

———

Quarante pages viennent d'être nécessaires pour me permettre de vous expliquer les plantations de sapin. Que de complications, penserez-vous; il serait bien plus simple de semer.

Je ne vous le conseille pas si vous désirez reboiser réellement, car tout en étant beaucoup plus simple, le semis ne vous constituera pas facilement un peuplement; vous arriverez à constituer des arbres isolés, mais non des peuplements (ce qui doit être la préoccupation en principe du reboiseur), pour une raison d'ailleurs bien simple. Il est rare que votre sol soit dans un état physique permettant à la graine de germer.

La graine de sapin est assez volumineuse, mais elle est très légère, et ne se trouve pas en contact avec le sol, lorsque vous la semez à la volée, elle est donc dans l'impossibilité de germer si vous la semez sur de l'herbe, sur un roncier, ou sur un champ de genêts. Il vous faudrait donc au préalable décaper votre sol et supprimer les couverts qui seront cependant indispensables à vos jeunes semis pour les préserver des gelées ou de l'action desséchante du soleil.

Vous vous contenterez alors de défricher des bandes entre lesquelles vous sèmerez, mais quelle sera alors votre économie? Vos ouvriers vous coûteront plus cher. A 4 ouvriers, il vous faudra deux jours pour décaper un hectare. Pour éviter ce travail fort long, vous ferez alors des potets et sèmerez par placeaux. La main-d'œuvre ne vous coûtera pas plus cher qu'une plantation, mais je vous l'annonce d'avance, vous n'aurez pas de peuplement. Vous aurez, tous les 2 mètres, si vos potets sont à 2 mètres, une touffe de plants qui, dès leur plus jeune âge, se pénétreront les uns dans les autres, se mutileront et finalement vous donneront des arbres doubles et triples, à moins que vous ne veniez en arracher un certain nombre dans chaque potet pour n'en laisser qu'un, mais comme les racines vivent en symbiose, quand vous en arracherez un, vous déchausserez les autres. L'opération est peu heureuse.

Au surplus, en fait d'économie, approfondissons un peu les choses. Consultez vos auteurs, Bouquet de la Grye, Mathieu, Fliche, Pierret vous diront :

Quantité de graines nécessaires pour ensemencer un hectare :

Semis de sapin par potet. . . . . 50 kilos
   —   . — par bandes. . . . . 60 —
   —   — en plein . . . . 75 à 80 kilos

Oh, oh! 75 à 80 kilos, mais le grainier la vend 14 francs le kilo, cela nous fait : 700 francs dans le premier cas; 840 francs dans le deuxième cas; 1.120 francs dans le troisième cas. Où est l'économie?

Je sais bien, la sécherie du Haut-Jacques produit la graine à 4 fr. 75, pourquoi n'en feriez-vous pas autant? mais alors que le reboisement d'un hectare par plantation vous demandait 3.500 plants à 42 francs, soit 150 francs de plants, le reboisement par voie de semis vous coûtera :

En semis par potets, 240 francs de graines;

En semis par bandes, 285 francs;

En semis en plein, 380 francs.

Le semis, tout en étant moins sûr de réussir, vous coûtera plus cher que la plantation, si vous êtes obligé de recourir à de la main-d'œuvre pour préparer votre sol, ce qui est la règle presque générale.

Il est des cas cependant où votre sol n'a pas à être préparé, il est dans un état physique lui permettant de recevoir des graines, par exemple il est recouvert seulement d'humus ou de feuilles mortes sans autre végétation; ce cas se présente par exemple dans des futaies de hêtre que vous voudriez enrésiner.

Le semis devient alors plus économique, il vous suffira de semer en plein à la volée, si cependant vous prenez la précaution suivante : semez comme le fait la nature, c'est-à-dire en octobre et novembre, et je vous dirai tout de suite : semez sur la première neige qui tombe et qui vous rendra de nombreux services.

Elle vous mettra en effet votre graine à l'abri de la fermentation, à l'abri de la dent des souris, et elle vous préparera une bonne germination.

A l'abri de la fermentation. Si vous mettez votre graine sur le sol, et que ce sol soit ensuite recouvert de neige, votre graine se trouve au chaud, privée d'air; elle peut fermenter, et elle fermentera. Mise au contraire sur la première neige, elle sera recouverte par la seconde neige et se trouvera dans un merveilleux appareil frigorifique.

A l'abri des mulots et des souris. Ceux-ci circulent sous la neige, quand ils sortent de leurs trous, mais ils ne circulent pas dans la neige; en compensation, ces rongeurs, privés de leur liberté pour circuler et se nourrir, cherchent à sortir de leurs trous pour grignoter ce qu'ils trouvent sur le sol (et notamment vos graines) en dessous de la neige.

La neige va préparer une bonne germination. C'est qu'en effet lorsque la fonte arrive, votre graine est imprégnée d'eau à saturation et germe très vite. Au surplus, imprégnée d'eau elle attire bien moins les mulots, car elle ne sent plus la térébenthine.

Mais, en somme, les cas où vous aurez avantage à semer du sapin sont rares, et l'on peut dire : le sapin se plante, mais ne se sème pas.

LE PIN SYLVESTRE

Quiconque sème ou plante du sapin avec toutes les précautions indiquées ci-dessus, doit savoir semer ou planter du pin sylvestre, direz-vous. Combien grande est votre erreur.

Le sapin est l'arbre des terrains profonds, frais, substantiels. Quelle différence avec le pin sylvestre, qui, évidemment, acceptera très volontiers d'être mis dans un bon sol, mais qui se contente des trerains les plus pauvres, exposés en plein soleil, préférant même la silice pure chimiquement aux terrains calcaires (Offrez donc à un pauvre hère habitué à vivre de quignons de pain à manger des truffes et des ortolans, vous verrez s'il refuse). Le pin sylvestre est l'essence de reboisement des terrains formés de silice, à condition que vous lui donniez à profusion de l'air et du grand soleil.

Tous les soins culturaux à donner au pin sylvestre, s'ils sont donc en principe les mêmes que ceux du sapin, devront tenir compte de ce grand principe, et en reprenant tout ce que nous avons dit pour le sapin, nous allons voir comment on doit adapter au pin sylvestre les soins à lui donner pour le semer et le planter, étant bien entendu que vous chercherez à être bon pour lui, comme vous êtes bon pour vos sapins, et comme vous êtes toujours bon pour les végétaux.

ART. I. — LES PLANTS

Comme pour le sapin, les plants que je n'aime pas sont ceux que je ne fais pas moi-même. Toutes les raisons que je vous ai données pour le sapin s'appliquent au pin, mais en outre une autre existe, beaucoup plus grave. En France, à part le sapin de l'Aude, le sapin pectiné est à peu près partout semblable, peu importe que ce soit celui de Normandie, du Jura, du Plateau Central ou des Vosges. En somme, il n'y a en France qu'une espèce de sapin, mais il y a des races différentes par leurs exigences physiologiques. Prenez au contraire dix régions de pin sylvestre, ce sera toujours le même pin à deux feuilles, à couvert très léger, à fût d'autant plus rouge qu'il est plus vigoureux, mais dans chacune vous trouverez une variété de pin différente, ayant une caractéristique différente; l'une vous présentera une écorce rugueuse et épaisse de plusieurs centimètres, l'autre vous aura une écorce mince et lisse, l'une vous aura des aiguilles d'un vert bleuté comme celui de la montagne des Vosges, l'autre d'un vert foncé comme celui d'Auvergne. Or, croyez-vous que vous ferez venir dans les Vosges à 600 mètres d'altitude des pins de Haguenau habitués à la plaine chaude d'Alsace, ou des pins d'Auvergne qui viennent à une altitude plus élevée que dans les Vosges, mais sous une latitude plus faible? Quelle erreur! Mais rappelez-vous donc ce grand principe : Soyez bons pour les végétaux comme vous le seriez pour les animaux. Or, serait-ce humain de vouloir faire vivre en Sibérie des Sénégalais, ou à l'Équateur des Esquimaux? Aux premiers, vous imposez des fluxions de poitrine, vous condamnez les seconds à des insolations. Pourquoi voudriez-vous que vos végétaux soient plus résistants que cet animal que l'on appelle l'homme, et qui cependant a des moyens de se protéger du chaud et du froid que n'ont pas les végétaux?

Et l'on peut dire que tous les échecs en reboisement de pin sylvestre proviennent de cette erreur fondamentale de vouloir acclimater dans n'importe quelle région des pins sylvestres qui n'en sont pas.

Or, si vous n'avez pas fait vous-même vos plants, savez-vous d'où viennent les plants et les graines qui les ont produits, d'Autriche ou de Norvège? de Haguenau ou du Plateau Central? Vous n'en savez rien, vous ne savez pas ce qu'on vous a vendu, vous ne savez pas ce que vous avez acheté. Et c'est de là que viendront tous vos mécomptes.

Qu'il me soit au surplus permis de constater que, quand il s'agit de semer du blé, on commence par choisir parmi 40 ou 50 espèces de blé d'hiver ou de blé de printemps, de blés durs ou de blés tendres, de blés barbus ou non, etc... Quand il s'agit de pin sylvestre, on prend de la graine de pin sylvestre sans savoir rien du tout sur son origine, et on sème. Ne vous étonnez pas après cela si vous obtenez comme résultat un merveilleux échec, vous n'aurez que ce que vous méritez. Quand il s'agit d'agriculture, on fait de la sélection de graines poussée à outrance, quand il s'agit de sylviculture, qui n'est qu'une branche de l'agriculture, on ne s'occupe plus de rien du tout, et on est tout étonné quand on ne réussit pas. J'avoue qu'en ce qui me concerne, une seule chose m'étonne, c'est que quelquefois on réussisse.

Les plants que vous prendrez seront donc encore plus pour le pin que pour le sapin ceux que vous ferez vous-même en pépinière.

ART. 2. — DES PÉPINIÈRES DE PIN SYLVESTRE

§ 1. — *Leur emplacement.*

De l'air, de la grande lumière et du grand soleil, trois éléments vitaux pour le pin sylvestre qui n'acceptera pas que vous lui en supprimiez un. La pépinière de pin sylvestre devra tenir compte de ces considérations primordiales. On évitera donc de la faire au mi-

lieu de la forêt, elle sera toujours dans un endroit sec, et en plein
soleil du lever jusqu'au coucher du soleil, donc également en plein
midi.

§ 2. — *Son importance, sa grandeur.*

La grandeur de votre pépinière dépendra uniquement du nombre
de plants dont vous avez besoin, sans tenir compte d'aucune autre
indication. C'est que pour cette essence, il est inutile de recourir
au rigolage, il convient même de l'éviter; cette opération ne développe nullement le chevelu du plant, elle le fait simplement passer
par des crises d'arrachage et de transplantation qui lui sont des plus
funestes, et cela d'autant plus que le pivot s'allonge démesurément,
et que vous avez toujours chance de le rompre, tellement il est long,
lorsque vous voulez arracher vos plants de pépinière pour les mettre
en place.

Pour le pin sylvestre, vous n'êtes donc plus obligé de prévoir un
aménagement de pépinière, avec carreaux de semis, carreaux de rigolage et même carreaux de pommes de terre; vous sèmerez toute
l'étendue de votre pépinière, et son étendue sera fonction simplement du nombre de plants dont vous avez besoin au bout de deux ans.

§ 3. — *Culture et fumure.*

La culture de votre pépinière est d'ailleurs facile. Il s'agit de pin
sylvestre, donc vous avez choisi une terre légère, facile à bêcher,
mais ce bêchage est indispensable pour supprimer toute végétation
herbacée et tout couvert à vos plants, vous enfouirez même dans le
sol toute cette végétation, et vous veillerez par des sarclages nombreux (au moins 3 par an) à ce que cette végétation n'envahisse pas
votre pépinière.

Profiterez-vous de ce bêchage pour enfouir en même temps du
fumier? Je ne vous le conseille pas. Le pin sylvestre est l'essence des
terrains pauvres, vous l'emploierez dans ces terrains. Pourquoi l'ha-
bitueriez-vous dès son jeune âge à se gaver pour lui supprimer ensuite
toutes les délices d'un succulent repas? Il y a cependant avantage à
produire des beaux plants, forts et vigoureux, qui résisteront mieux
à la crise de la transplantation. Aussi pour le pin sylvestre, encore
plus que pour le sapin, vous conseillerai-je de ne pas vous servir de
fumier, mais de ce terreau provenant de la décomposition du fumier
en mélange avec des feuilles mortes.

§ 4. — *Semis en pépinière.*

Vos semis en pépinière seront encore faits en lignes pour faciliter
les sarclages, encore plus nécessaires que pour le sapin, lignes distantes de 10 centimètres avec un espacement plus large de temps

en temps, par exemple toutes les 3 lignes. Nous en connaissons la raison.

Quelle quantité de graines sèmerez-vous à l'are? La graine de pin sylvestre est une toute petite graine, assez lourde pour son volume, assez semblable à celle du navet. Vous sèmerez donc votre pin comme des navets, mais comme doit la semer un bon semeur de navets préoccupé de ne pas gaspiller son argent et sa peine, en semant trop serré, pour être obligé ensuite d'en arracher la moitié ou les deux tiers s'il veut obtenir de bons gros navets. Autrement dit, il lui faut semer très clair, d'autant plus clair que nous savons que nous ne rigolerons pas nos plants et qu'il faut leur constituer de suite un bon et large chevelu. Les meilleurs résultats sont obtenus par une quantité de 500 grammes de graines à l'are. Souvent vous entendrez dire qu'il faut 2 kilos à l'are, c'est de l'argent perdu; pour employer la locution courante, une livre de graines à l'are est largement suffisante.

Mais si le semis doit être clair, je n'ai plus besoin de prendre de latte plate, comme pour le sapin, cette latte serait au contraire funeste, tout au plus vous vous servirez de la latte taillée en biseau pour creuser un léger sillon de 1 cm 5 de profondeur.

§ 5. — Graines à employer.

La graine de pin sylvestre ne fermente pas comme celle du sapin; elle peut conserver ses facultés germinatives pendant deux ou trois ans; il semblerait donc qu'ici on pourrait recourir aux grainiers plus facilement que pour le sapin. Et je vous ajouterai : c'est précisément parce que j'ai eu recours à eux pour reboiser des terrains secs et siliceux de la région des Vosges, que, depuis quatre ans, j'ai eu les plus graves déceptions, parce que ceux-ci ne s'occupent nullement de la question de sélection des graines forestières.

Permettez-moi en effet de vous dire dès maintenant que ces déceptions proviennent d'une maladie dite communément le rouge.

Qu'est-ce donc que le rouge du pin sylvestre?

Il se manifeste par une dessiccation totale de toutes les aiguilles de la plante, qui deviennent rouges. Les bourgeons terminaux de la tige et des branches ne meurent pas; ils repartent même à la sève suivante et le plant reverdit, mais il souffre et ne fait plus que des pousses de 1 ou 2 centimètres de longueur; certains plants finissent par se remettre au bout de deux ou trois ans, mais beaucoup meurent.

Quelle peut être l'origine de cette maladie? A mon avis, mais avis purement personnel, je ne la crois pas cryptogamique; je n'ai jamais vu de champignons sur les aiguilles; d'autre part, si c'était un champignon, les aiguilles après avoir rougi ne reverdiraient pas. Mais toutes les observations que j'ai faites peuvent se résumer de la manière suivante :

1º La maladie commence le plus souvent après la deuxième sève et avant la troisième;

2º Elle se produit toujours après de gros froids, de préférence donc à la fin de l'hiver; mais si de grosses gelées sont survenues fin octobre ou en novembre, le plant est rouge dès la fin de novembre;

3º Elle ne s'est jamais produite sur des plants provenant de graines récoltées dans le pays; on ne la constate que sur des plants provenant de graines ou bien achetées dans le commerce ou bien fournies par l'École des Barres ou le service forestier de la Loire.

Mais où avait été récoltée cette graine? Je l'ignore; en tout cas pas dans la montagne des Vosges.

Et j'en arriverai à cette conclusion pratique, c'est que rien ne vaut encore la graine récoltée par soi-même, et qui est la meilleure garantie d'origine de la graine.

J'en tirerai également cette seconde conclusion, c'est qu'en matière de pin sylvestre, vous n'élèverez pas dans les Vosges de pin sylvestre provenant du Plateau Central, et probablement vice versa, tout au moins sans prendre des précautions qui sont à l'étude en ce moment, mais qu'il me faudra encore plusieurs années pour étudier, et en voir les conséquences. C'est ainsi que le froid semblant être la cause primordiale de la maladie, toutes mes pépinières de pin seront à l'avenir à partir de fin octobre recouvertes d'un épais matelas de branches reposant sur des fils de fer. Mais les plants habitués à être protégés du froid dès leur jeunesse résisteront-ils au froid quand ils seront mis en place, et qu'on ne pourra plus les recouvrir? Je l'espère, si on arrive à les fortifier, mais nous verrons.

En tout cas, tout paradoxal que cela puisse paraître, je vais essayer de préserver du froid des pins sylvestres, l'essence des pays froids.

Au surplus, j'ai constaté que la maladie se développe davantage quand les semis sont très serrés en pépinière (donc on aura bien soin de ne pas semer plus de 500 grammes à l'are), que le rigolage n'a aucune influence et n'empêche pas la maladie de se produire, qu'au contraire il semble que le rigolage l'intensifie; d'ailleurs, des semis directs en bandes en terrain naturel ont été tout aussi malades que des plants de pépinière avec des graines de provenance inconnue, je dis de provenance inconnue, car quel avait été le lieu de récolte des graines qui m'avaient été envoyées, je l'ignore complètement, et mes fournisseurs l'ignorent sans doute autant que moi.

En tout cas, la conclusion logique c'est que je devrai m'efforcer de récolter dans les Vosges la graine de pin que je veux élever dans les Vosges, et, par analogie, récolter dans le Plateau Central la graine de pin que je veux élever dans le Plateau Central.

C'est ce qu'en d'autres termes nous appellerons le problème de l'origine des graines, dont les conséquences peuvent avoir la plus grande influence sur la réussite de vos semis et de vos plantations, et je dirai même sur l'avenir de vos peuplements. Chacun sait en effet que l'hérédité se fait tout autant sentir chez les végétaux que chez les animaux : tout le monde a pu constater en effet que des hêtres hâtifs, feuillant tous les ans dix ou quinze jours plus tôt que les autres hêtres de votre canton, produisent des semis naturels qui, eux aussi, sont plus hâtifs de dix ou quinze jours que les semis produits par les voisins. Et inversement qu'est-ce donc que le chêne de juin, si ce n'est un retardataire produisant des enfants plus retardataires que les autres chênes. Qui me dit que ces variétés de pin sylvestre une fois tirées d'affaire, et arrivées à l'âge de raison, ne me produiront pas des semis qui, à leur tour, seront atteints du rouge, alors que l'espèce indigène ne l'a pas? Et si j'avance le fait, c'est que je l'ai constaté. Dans cette région des Vosges où Broilliard reconnaît que c'est de là que datent les premiers massifs de pin sylvestre en France, je connais des semis naturels atteints de rouge dans une friche du territoire de la commune de Provenchères-sur-Fave, en bordure d'un jeune perchis de pin sylvestre *provenant de reboisements artificiels*, alors que les semis naturels de toutes les autres forêts de la région n'en ont jamais souffert.

§ 6. — *Époque des semis.*

La graine de pin sylvestre ne fermente pas, avons-nous dit; le meilleur moment pour la semer sera le printemps. Elle ne risque pas de s'échauffer en hiver; son tégument est assez épais, s'imprégnant d'eau tout du long de l'hiver, si on la semait à l'automne, on risquerait de la faire pourrir. Mieux vaut la mettre en terre au moment de la germination. Mais pour la faire germer vite, une bonne précaution à prendre sera de la faire tremper dans de l'eau pendant quarante-huit heures pour la faire gonfler et germer plus vite. Au surplus, vous abandonnerez vite le système, car les graines se collent alors ensemble dans la main du semeur, qui sème beaucoup trop épais. Pour y remédier, le meilleur moyen sera donc de semer votre graine naturelle, mais à une époque où la terre est bien humide, c'est-à-dire dès la fin de l'hiver, et avant que la terre ne soit ressuyée.

§ 7. — *Rigolage.*

En tout cas à l'inverse du sapin, nous éviterons de rigoler nos plants. D'ailleurs, tout bien réfléchi, votre pépinière de pin sylvestre se trouve dans des terrains siliceux, en général très sablonneux et qui, par conséquent, ne sont pas compacts; est-il bien nécessaire de les transplanter dans un terrain qui ne sera guère plus meuble? Je ne le crois pas, mais le résultat c'est qu'au lieu de ne planter que des plants de quatre ans, comme ceux de sapin; vous pourrez repiquer vos pins à leur place définitive après la deuxième sève.

§ 8. — *Soins à donner aux semis en pépinière.*

Il y en a deux principaux :

Le premier, c'est le sarclage pour empêcher les mauvaises herbes de croître, de prospérer, et d'étouffer très rapidement vos plants ; il vous faudra chaque année faire au moins trois sarclages.

Le deuxième, c'est qu'il vous faut vous défendre contre les oiseaux, encore plus friands des semis de pin sylvestre que de ceux de sapin. La pousse cotylédonaire du pin est d'ailleurs plus tendre encore que celle du sapin, quelques heures suffiront à une demi-douzaine de pierrots pour vous nettoyer une pépinière de pin sylvestre dont les semis sont en train de germer. Une bonne précaution à prendre dans ce but, c'est de recouvrir votre planche, pendant la germination, soit d'un grillage, soit de branches fichées en terre et formant un léger couvert empêchant simplement les oiseaux de voler jusqu'à terre.

§ 9. — *Prix de revient des plants en pépinière.*

Une livre de graines m'a donné jusqu'à 25.000 semis à l'are, il s'agissait, il est vrai, de graines récoltées dans le pays par les gardes eux-mêmes, et destinées à être semées dans des pépinières de leur propre triage. Il y avait là une question d'amour-propre personnel de la part du garde tenant à ce que sa pépinière soit mieux réussie que celle de son voisin.

Il faut reconnaître cependant que tous ces semis n'arrivent pas à fournir des plants de 2 ans, principalement du reste à cause des oiseaux. Il faut compter que 500 grammes de graines vous donneront 10.000 plants de 2 ans. A quel prix reviendront-ils ? Je compte, comme pour les pépinières de sapin, la journée d'homme à 25 francs, la journée de femme à 17 fr. 50 de façon à être très large et à ne pas être accusé de partialité, et cela quoique en général on arrive à trouver des ouvriers qui ne soient payés que 2 francs de l'heure.

Il vous faudra, avons-nous dit, supprimer toute végétation herbacée à la surface du sol et avoir soin, non pas de bêcher votre sol, mais de le défoncer en enfouissant profondément tout le gazon ; l'opération sera plus longue qu'un bêchage ordinaire. Pour ce défoncement il faut compter, pour un are, :

2 journées	50ᶠ »
Ratissage, confection des lignes, semaille, 1 journée	25 »
Première année, 3 sarclages à 17 fr. 50	52 50
Deuxième année, 3 sarclages à 17 fr. 50	52 50
Soit, au total, pour 10.000 plants	180ᶠ

somme à laquelle il convient d'ajouter le prix d'achat de votre graine que nous compterons à 50 francs le kilo, soit donc pour une livre; 25 francs. Majorons encore de 50 centimes par mille pour frais divers, cela fera ressortir le mille de plants à 21 francs.

ART. 3. — DES PLANTATIONS PROPREMENT DITES

§ 1. — *Quels terrains reboiser en pin sylvestre.*

Comme nous l'avons vu, le pin sylvestre est une essence rustique, qui, mise dans une bonne terre, vous donne encore de plus beaux produits. Le nombre de ces terrains est donc considérable, et vous réussirez presque toujours une plantation de pin, si vous avez de beaux plants, à la seule condition que votre terrain ne soit pas humide et soit en pleine lumière. En principe donc tous les terrains en pente seront favorables au pin, peu importe son exposition, qu'il soit au nord ou en plein midi. Mais en plus, ce sera l'essence des terrains siliceux ou des terrains secs où il viendra à l'exclusion de toutes autres essences.

§ 2. — *Époque des plantations.*

Les règles sont ici les mêmes que pour le sapin; évitez donc de planter en sève, de préférence si possible choisissez les plantations d'automne.

§ 3. — *Nombre de plants à l'hectare.*

Le pin a une croissance moins régulière que celle du sapin; il développe souvent des branches latérales qui prennent d'assez fortes dimensions, et qui donnent à l'arbre un aspect tout différent de celui du sapin. La cime d'un sapin aura toujours la forme d'un cône (à moins qu'il ne soit dépérissant), celle d'un pin arrivé à un certain âge a la forme d'une boule; à partir de ce moment, il ne croît presque plus en hauteur, il se développe seulement en largeur, et en diamètre. De là résulte la nécessité de pousser le pin en hauteur plus que le sapin, et pour cela de planter un peu plus serré. D'excellents résultats m'ont été donnés par 5.000 plants à l'hectare.

§ 4. — *Comment sera faite la plantation.*

Nous planterons toujours en lignes, mais en prenant des précautions pour que la végétation herbacée n'envahisse pas vos plants. Il faudra donc que la surface décapée soit plus considérable que pour le sapin. Et je dirai même que le meilleur moyen est de decaper

non pas des potets, mais des lignes entières. Un labourage du sol par
bandes sera donc une bonne précaution, et le moyen le plus économique; mais on est loin de pouvoir labourer tous les terrains à reboiser. Un moyen qui donne de bons résultats est un instrument dit
fossoir, qui sert dans l'agriculture à couper dans les prés des bandes
de gazon pour faire des rigoles d'irrigation. Avec le fossoir, vous
taillez dans votre herbe une seule raie, puis un ouvrier avec un cro-
chet soulève cette végétation herbacée sur 0 m 30 de large et rabat
sur le côté une grande bande de cette végétation, en la faisant
pivoter sur elle-même comme charnière. C'est dans cette bande de
0 m 30 de large que vous ferez vos potets.

Comme pour le sapin, vous aurez soin de faire des potets plus
profonds que la hauteur des racines pour que celles-ci puissent bien
se développer et s'étaler dans le potet.

J'ai employé une fois, je précise une fois, mais pas deux, un moyen
très simple pour préparer le sol, qui était recouvert d'un tapis épais
de bruyères hautes de 0 m 40. Ce moyen très simple fut de mettre
le feu dans cette friche; les résultats furent d'autant plus merveilleux
que la combustion produisit un excellent engrais potassique, et que
la végétation herbacée étant radicalement supprimée, y compris les
racines qui avaient été échaudées par cet incendie, ne repartit qu'au
bout de trois ans, alors que mes plants étaient hors d'affaire et pouvaient prendre le dessus facilement; les bandes furent d'ailleurs très
faciles à faire. Mais je ne vous cache pas que l'on tourne ici dans un
cercle vicieux. Pour brûler vos herbes et vos bruyères, il vous faut
recourir à un temps sec et chaud, mais alors gare l'incendie. (Voyez-
vous le forestier mettant le feu aux propriétés voisines? surtout si
cette propriété est une forêt.) Il vous faut donc prendre des précautions à l'infini, vous choisirez un jour sans vent, vous vous procu-
rerez des régiments d'ouvriers pour pouvoir éteindre l'incendie s'il
venait à se produire, vous les munirez tous de pelles, de pioches, de
pics, pour pouvoir faire rapidement des tranchées. Quel matériel et
quelle dépense.

En tout cas le moyen est bon, mais il est d'une pratique dange-
reuse, très difficile et coûteuse par le temps qui court. 25 francs par
jour et par ouvrier, ou même 20 francs pour voir brûler une friche,
c'est cher.

§ 5. — *Prix de revient d'une plantation de pin sylvestre.*

Il s'agit de pin sylvestre, donc en principe de mauvais terrain.
Si votre terrain est sablonneux et non recouvert de végétation, le
prix de revient sera infime à côté de celui que vous atteindrez dans
un sol caillouteux, recouvert d'herbes et de bruyères. On peut dire :
autant de terrains, autant de prix de revient. Mais, à titre d'indication, je vous donnerai un prix moyen s'appliquant à un terrain
moyen, où les bruyères sont moyennes.

Les plants vous coûtent 21 francs le mille; il vous faut, avons-nous dit, 5.000 plants à l'hectare.

Pour un hectare :

vous aurez donc des plants pour 105ᶠ
La plantation vous coûtera 125 francs du mille, soit $125 \times 5 =$ 615
soit donc, à l'hectare 720ᶠ

Je ne vous cacherai pas que certaines plantations me sont revenues à 600 francs; j'en ai eu d'autres à 800 francs, tout cela dépend de la nature et de l'état superficiel du sol.

CHAPITRE II

Le semis de pin sylvestre en terrain naturel

———

Art. 1. —- Un vieil adage vous dit : « Le sapin se plante, mais le pin
se sème ». Si vous y réfléchissez, cette règle est naturelle. Pour avoir
des beaux plants de sapin, il vous faut du beau chevelu et pour cela
il vous faut rigoler vos plants. Pour le pin sylvestre au contraire, ce
rigolage est inutile, et votre sol, formé de terre légère et même de
sable, ne sera pas compact. Quand vous plantez, vous faites subir à
votre plante une crise de transplantation, qui lui est souvent funeste.
d'autant plus funeste que votre terrain à reboiser est plus sec. Le
reboisement par voie de semis vous supprimera l'inconvénient de faire
des regarnis qui parfois peuvent atteindre 25 % de la plantation
primitive. Or, quand il s'agit de reboisement en pin, vous prenez
des plants de 2 ans et vous les mettez directement en terre. Pourquoi
leur faire subir inutilement cette crise de transplantation, qui était
nécessaire pour le sapin. Vous aurez donc avantage à semer directement en pin plutôt qu'à planter.

Mais en compensation le semis vous coûtera plus cher. Pour réussir
un semis de pin sylvestre, vous n'éviterez pas la préparation longue
et coûteuse de votre sol par le décapage ; sinon, bien peu de graines
arriveront à germer comme n'étant pas arrivées à être en contact
avec le sol.

Il vous faudra en effet décaper votre sol pour mettre la terre à nu.
Vous ferez donc encore des lignes dans lesquelles vous sèmerez. Pour
faire ce travail, il est toutefois un moyen plus économique que d'embaucher des ouvriers à l'heure, c'est ici de les embaucher à la tâche.
au mètre linéaire de lignes de 0 m 30 de large. Remarquez qu'ici
le travail de votre ouvrier est tout superficiel, il n'a pas à cultiver
le sol, il suffit de le décaper. Vous pourrez donc facilement recevoir
son travail, il vous suffira d'arpenter au pas toutes les lignes faites.
Un ouvrier payé 25 francs par jour vous fera 125 mètres de lignes,
soit donc 20 centimes le mètre. A raison de bandes distantes de
2 mètres d'axe à axe, cela vous fera 5.000 mètres de lignes à l'hectare à 20 centimes, soit 1.000 francs pour la préparation du sol.

En semant très clair, vous emploierez au minimum 3 kilos de
graines à l'hectare, soit encore une dépense de 150 francs au minimum (je dis au minimum, car certains marchands grainiers l'ont
fait payer certaines années jusqu'à 75 francs) et il faudra deux jours
pour faire l'ensemencement.

L'hectare vous reviendra donc à 1.200 francs au minimum en supposant que vous n'employez que 3 kilos à l'hectare.

Pour obtenir que vos plants ne soient pas trop serrés, autrement dit que votre semeur ne sème pas trop épais, vous prendrez la précaution de lui préparer une mixture composée de dix parties de sable siliceux pour une partie de graines; mais vous lui recommanderez de fourrager dans son sac chaque fois qu'il y plonge le bras pour prendre une poignée de semences; il serait en effet à craindre que, par suite des mouvements du semeur, et même simplement de sa marche et par suite également de la différence de densité des graines et du sable, tout le sable ne tombe au fond du sac, et que toutes les graines ne viennent à la surface. Il sèmerait par suite uniquement du sable sur une partie et uniquement des graines sur une autre partie de votre terrain. Il faut donc mélanger le tout chaque fois que le semeur veut prendre une poignée de graines. D'ailleurs votre jardinier n'en fait-il pas autant quand il sème des navets, et ne mélange-t-il pas sa graine avec un peu de terre fine? Or, je vous l'ai dit, le pin se traite comme les navets.

Mille francs pour préparer votre sol, c'est cher et vous m'objecterez au surplus : « Mais si au lieu de cultiver ces lignes, je cultive simplement des potets de $0,25 \times 0,25$ dans lesquels je sèmerai 2 ou 3 graines, je dépenserai bien moins de graines, et bien moins de main-d'œuvre. » Vous auriez raison, mais je vous donnerai alors le conseil : Revenez dans vingt-cinq ans, et vous trouverez non pas des arbres, mais des troches d'arbres soudés ensemble comme de véritables rejets de souche de taillis. Tous vos arbres vivent en symbiose, en couper un fera pourrir les autres.

Mais évidemment en vous donnant ce conseil, je raisonne en partant du principe que votre but est, en boisant, de constituer un peuplement, une forêt. Mais si tel n'est pas votre but principal, je vous conseillerai le semis par potet.

Et il est des cas où la constitution d'un peuplement n'est que l'accessoire, par exemple quand il s'agit de restauration de terrains en montagne. Le but principal est ici de faire venir des arbres, peu importe leur forme, avant tout il faut consolider les terres. Aussi, dans ce cas, je vous conseillerai le semis par potet qui ne vous coûtera que 550 francs l'hectare en moyenne.

Un dernier mode de semis qui me réussit à merveille la seule fois où j'eus l'occasion de l'employer et qui réellement ne coûte pas cher. Il s'agissait d'une friche communale recouverte d'un court gazon, sans mort-bois d'aucune sorte. Sans préparer le sol, sans labourer, sans biner, sans rien faire du tout, je semais à la volée cette mixture que je vous recommandais, de graine et de sable. Puis je m'en allais chez le maire lui demander de m'envoyer son troupeau communal composé de 250 moutons pour pâturer la friche nouvellement soumise au régime forestier en vue de son reboisement. Je ne vous cacherai pas la stupéfaction de mon maire, qui savait la guerre que les forestiers de tout temps ont faite aux moutons et qui se demandait s'il n'avait pas affaire à un fumiste qui voulait le faire tomber dans un traquenard. Étant enfin arrivé à le décider, je laissai pâturer le gazon pendant huit jours, au bout desquels je plantai un écriteau : « Défense sous peine de procès de laisser pâturer les moutons. » Mes moutons eurent ainsi en huit jours tout le temps de bien piétiner la graine, qui, mise en contact avec le sol, germa à merveille, et ne fut pas dans sa germination gênée par aucune autre végétation herbacée que la dent du mouton avait supprimée rez - terre. Voudriez-vous avec moi établir le prix de revient de ce semis? 5 kilos de graine à l'hectare (j'avais un peu forcé la dose de peur de destruction de certaines graines par le piétinement), coût : 250 francs, somme à laquelle il convient d'ajouter une demi-journée pour semaille, soit donc au total 262 fr. 50. Un point c'est tout, vous avouerez vous-même que par le temps qui court, ce n'est pas cher pour reboiser un hectare.

CONCLUSION

J'en ai fini, cher lecteur, avec tous ces conseils que je viens de vous prodiguer à foison.

Quelle sera votre conclusion de cette lecture? Je l'ignore au point de vue technique, tout en étant convaincu qu'au point de vue intellectuel, vous allez vous dire que l'auteur de ces lignes est un phénomène pour oser parler de végétaux qui mangent comme vous, qui respirent comme vous et qui n'acceptent pas de recevoir de coups de pied....... comme vous.

La mienne sera toute différente, et je vous déclarerai tout franchement : à bien peu d'exceptions près, si vous suiviez mes conseils à la lettre, vous auriez bien des chances de marcher à un échec certain pour des raisons bien simples.

Dans un pays comme la France, varié à l'infini, comme climat, comme latitude, comme altitude, comme base minéralogique, il est impossible de poser en matière forestière et par conséquent en matière de semis et de plantations, des règles absolues. Celles que je vous ai exposées s'appliquent à des régions où depuis trente ans je sème et je plante, je veux dire les Vosges, le Doubs, la Haute-Saône et la Haute-Marne. Toutes ces règles s'appliquent-elles à tout le reste de la France? Je suis convaincu que non. Rien ne vaudra vos observations personnelles.

Pour réussir, il vous faut simplement, mais absolument (et alors vous réussirez 100 fois sur 100) savoir exactement ce que vous voulez faire, le but que vous poursuivez, adapter votre essence et votre variété d'essence et même votre race, à votre climat, à votre altitude et surtout à votre sol, que vous étudierez d'une façon approfondie, non seulement au point de vue chimique et minéralogique, mais encore au point de vue état physique. Votre essence une fois choisie, vous étudierez les exigences de sa vie, de sa nourriture, de sa respiration; vous l'aiderez à remplir ses fonctions naturelles et inhérentes à la vie de l'arbre, en méditant à nouveau la maxime de notre Maître Parade, par laquelle je commençais ces lignes : « Imiter la Nature, hâter son œuvre, telle est la maxime fondamentale de la sylviculture ».

Et je terminerai en me permettant d'ajouter : non seulement imitez la nature, mais aidez-la, favorisez-la, ne la violentez jamais en un mot soyez bons pour les végétaux.

TABLE DES MATIÉRES

CHAPITRE II

Les semis de sapin en terrain naturel

DEUXIÈME PARTIE

LE PIN SYLVESTRE

CHAPITRE I

Les plantations

CHAPITRE II

Semis en terrain naturel

IMPRIMERIE BERGER-LEVRAULT, NANCY-PARIS-STRASBOURG — 1929.

1. - On remarquera que le préposé en semant marche sur la latte,
faisant ainsi de suite la raie nécessaire
qu'il va ensuite ensemencer.

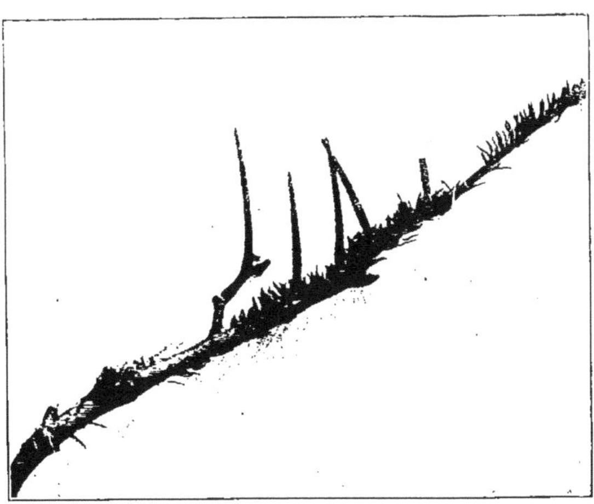

2. — Branche de sapin coupée sur un chablis et montrant 5 axes
de cône, il ne reste que les axes, toutes les écailles et les
graines étaient dispersées avant que le chablis ne se produise.

3. — La sécherie forestière du Haut Jacques.

4.   Latte à clous pour rigolage.

5.   Pépinière recouverte contre les gelées printanières.

QUELQUES EXEMPLES DE PLANTATION
DE SAPIN ET DE PIN SYLVESTRE

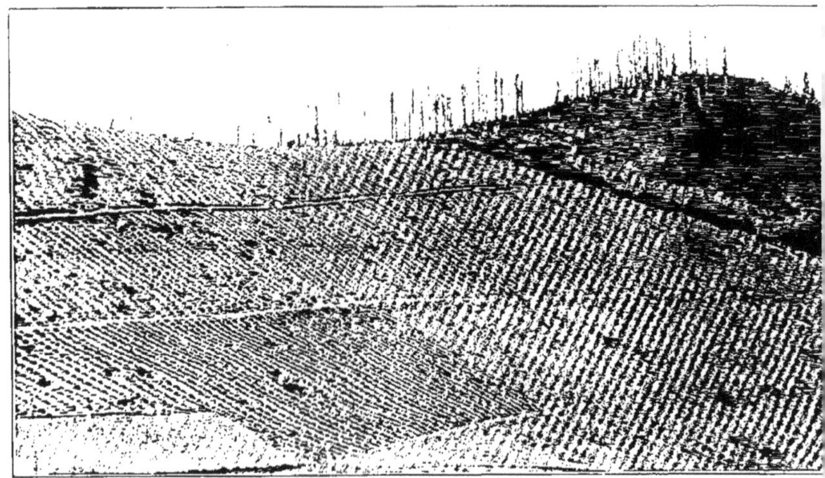

6. - Un reboisement en sapin près du Col de Sainte-Marie-aux-Mines, fait en plein découvert à des expositions allant du nord-ouest au sud-est. Dans le fond forêt communale de Gemaingoutte complétement dévastée par la guerre, actuellement en partie reboisée par voie de plantation de sapin.

7. — Une plantation de sapin faite en 1919 dans une parcelle de la forêt communale de Taintrux, exploitée à blanc pendant la guerre, sur une pente exposée en plein ouest.

8. — Dans un canton de la forêt communale de Nayemont-les-Fosses (Vosges) mutilé par la guerre, la totalité du peuplement formé d'une haute futaie de pin sylvestre a été réalisée, puis à partir de 1922 on a reboisé tantôt par voie de plantation, tantôt par voie de semis par bande. La photographie ci-dessus montre la première plantation faite en 1922.

9. — Dans un canton de la forêt communale de Taintrux, exploité à blanc étoc pendant la guerre, sur une pente exposée en plein midi, on a reboisé par voie de plantation de pin sylvestre à partir de l'automne 1919.

10. — Plantation de pin sylvestre faite dans des terrains de grès
rouge autrefois cultivés, puis qui furent abandonnés par suite
de la guerre. Les pins ont 5 ans. on peut se rendre compte de
leur hauteur par comparaison avec la hauteur d'un préposé
qui se trouve au milieu et à gauche de la photographie.
Dans le fond, deuxième série de la forêt communale de **Taintrux**,
formée d'une jeune futaie pin sylvestre avec à gauche sur un
versant exposé au nord jeune futaie sapin pectiné.

11.   La même plantation dans une partie faite en 1921.

QUELQUES PHOTOGRAPHIES
SUR LA SÉCHERIE FORESTIÈRE DU HAUT JACQUES

PREMIÈRE PARTIE

LA SÉCHERIE PRIMITIVE AVEC MANIPULATIONS A LA MAIN

12. — Les cônes sont emmagasinés à l'intérieur de la séchcrie. Pour augmenter la surface de séchage, on a créé des planchers supplémentaires au moyen de lattes mobiles de parquet.

13. — Les cônes emmagasinés sur une hauteur de 0 m. 40 à 0 m 50 fermenteraient s'ils n'étaient aérés chaque jour; à cet effet on les retourne à la pelle ou à la fourche au moins une fois par jour, faisant passer au-dessus ceux qui sont en dessous, et vice versa.

14. — Quant à ceux emmagasinés sur les planchers supplémentaires, il suffit pour les aérer de retourner les lames de parquet, les cônes du 3e étage tombent en-dessous, ceux du 2e tombent en-dessous, et ainsi de suite, ils sont ensuite repris à la pelle et renvoyés sur les casiers.

15. — Les 3 claies qui servent à trier les produits de la décortication (On peut se rendre compte à la loupe de la grosseur des grillages). La première (un ancien lit de camp américain, récupéré après la guerre dans un abri) est à maille de 30 mm ; la seconde à mailles de 14 mm ; la troisième à mailles de 7 mm. Les photographies suivantes indiqueront l'emploi qui en était fait.

16. — La première sert à trier les cônes non désarticulés des graines et écailles des cônes désarticulés. Les cônes non désarticulés glissent le long de la claie, tandis que les produits de décortication passent à travers.
Les cônes non désarticulés sont remis au séchage, ils seront repassés ultérieurement.

17. — La deuxième claie est formée par un grillage métallique à mailles de 14 mm
monté d'une façon très lâche sur un châssis en bois. Un homme jette des produits
de décortication sur la claie et en haut; un autre au moyen d'une ficelle agite le
grillage pour faire glisser ces produits le long; tout en glissant les graines et impuretés légères passent à travers, les écailles tombent devant.

18. — La troisième claie est formée par une toile métallique à mailles de 7 mm; les produits passés à travers la deuxième claie sont jetés sur cette claie et sont brassés à la main; les graines tombent à travers la claie, les impuretés sont conservées sur la claie.
C'est l'opération la plus pénible pour les travailleurs, car par suite du contact de l'épiderme de la peau des mains avec les graines très riches en térébenthine, il se produit une évaporation constante qui cause un refroidissement extrême des mains.

19. — Les graines sont passées ensuite dans un tarare ordinaire pour être nettoyées de toutes leurs impuretés légères et d'une partie des graines vaines qui, plus légères, sont expulsées par le souffle du tarare.

20. — Les graines sont alors répandues sur des claies dont le fond est en toile métallique très fine, mais permettant le passage de l'air à travers les graines, ce qui empêche la fermentation. Néanmoins, les graines sont remuées tous les jours soit au moyen d'une raclette soit en tapant en-dessous de la toile métallique, ce qui fait sauter les graines en l'air et les aère.

21. — Lorsqu'on fait les expéditions, on intercale les lits de graines avec des lits de foin ou de paille permettant la circulation de l'air à travers les graines; on évite ainsi une cause de fermentation. La graine toutefois ne peut être expédiée par chemin de fer que lorsqu'elle est déjà bien sèche.

DEUXIÈME PARTIE

LA SÉCHERIE FORESTIÈRE DU HAUT JACQUES
DEPUIS SA TRANSFORMATION EN SÉCHERIE MÉCANIQUE

22. — Le mécanisme est actionné par un moteur Millot 8HP à essence, moteur mococylindrique,
avec refroidissement par eau aspirée par un thermosiphon dans le socle qui sert de réservoir,
et redescendant à travers (un radiateur, dont le ventilateur sert en même temps de volant,
qui, par son poids, aide à mettre le moteur en mouvement.
Il a été ajouté à ce moteur un robinet de vidange (dont on aperçoit l'extrémité en bas et à droite)
permettant de vidanger le socle pour éviter le gel en hiver.
Le moteur est boulonné sur des tirefonds scellés dans un massif de béton de un mètre cube,
assurant une solidité parfaite. Il est installé dans une grange extérieure à la maison, mais
fermée grange dont on a dû cimenter l'aire pour éviter la formation de nuages de poussières
produits par le ventilateur, et qui, se déposant dans le carburateur, pourraient produire des
pannes.
La vitesse de la poulie de transmission peut varier de 500 à 800 tours au moyen d'un régulateur.
Dans le cas présent, étant donné que la vitesse utile à obtenir est de 25 à 30 tours, le
moteur est réglée à 500 tours, ce qui diminue la consommation d'essence.

23. — La courroie de transmission actionne une poulie de 1 mètre de diamètre, clavetée sur un
arbre de transmission entraînant 2 trains de 3 tambours chacun, l'un au rez-de-chaussée
l'autre au premier étage, les transmissions se faisant de haut en bas pour le rez-de-chaussée
de bas en haut pour le 1er étage. Sur la photographie ci-dessus les 3 tambours sont en action
de là ce nuage de poussière qui apparaît nettement sur le tambour du milieu.
On aperçoit dans la photographie :
1° à gauche une benne servant à monter, au moyen d'une moufle, les cônes apportés en vrac
dans les voitures, ou servant à transporter des produits de décortication. A cet effet cette benne
est montée sur roulettes. Les cônes apportés en sac sont au contraire montés par une poulie
soulevant un plateau en bois que l'on voit dans la photographie n° 3.
2° dans le fond, au-dessus du 3e tambour la poulie de transmission de un mètre de diamètre.

24. — Le train de tambours au premier étage, dont le détail est donné
aux 2 photographies suivantes.

25. — Les tambours dans lesquels sont mis les cônes sont en grillage métallique galvanisé à
double torsion, de 30 mm de mailles. Chaque tambour est muni d'un débrayage permettant
l'arrêt d'un ou plusieurs tambours à la fois. Dans la photographie ci-jointe le débrayage est
actionné par un levier que l'on voit à droite fixé par une ficelle mobile attaché à une cloison à
clairevoie.
On aperçoit au-dessus du tambour une trappe servant à faire tomber directement dans le tambour les cônes emmagasinés au 2° étage de la maison.

26. — Les 2 autres tambours sont à mailles de 14 mm à droite et de 7 mm à gauche. On peut se rendre compte sur cette photographie du mode de fermeture des portes des tambours. Elle est assurée par 2 verrous mobiles pouvant s'enfoncer dans une pièce fixe rivée sur le bâtis du tambour, en la coulissant dans une pièce rivée sur la porte. Par mesure de précaution, une chaîne attachée à une maille de tambour se termine par un porte-mousqueton que l'on fixe à une autre maille après l'avoir fait passer à travers la poignée du verrou. La longueur de la chaîne est calculée pour que le verrou soit immobilisé quand le mousqueton est accroché.
Les poulies de transmission sont calculées pour que ces 2 tambours tournent à 30 tours, les tambours de décortication tournant à 25 tours.
Tous les produits de décortication et de tamisage sont ramassés dans les plateaux en tôle placés sous les tambours et mobiles.

27. — La graine recueillie sous le 3ᵉ tambour est envoyée directement dans le
tarare placé au rez-de-chaussée au moyen d'un tuyau de 0 m 35 de diamètre;
l'arrivée de la graine peut être réglé par une trappe fixée dans ce tuyau.
Le tarare est actionné toujours par le même arbre de transmission. Il peut
tourner, suivant l'état hygrométrique des graines soit à 25 soit à 35 tours.
Il est placé en face d'une fenêtre pour permettre au tarare de souffler directement en dehors de la sécherie les poussières et impuretés légères.
La graine est récoltée dans une caisse en bois mobile, placée au-dessous et à
droite du tarare.

28.   La graine est alors répandue sur des claies, dont le fond est en toile métallique, claies mobiles montées sur galets roulant dans des fers à U servant de rails. Chaque claie renferme 38 à 40 kg de graines. Pour permettre de la remuer, et éviter l'échauffement, les claies roulant sur les fers à U sont tirées de leurs cadres et reposées à une extrémité sur un trépied mobile. Un homme monté sur un escabeau peut alors agiter la graine et le secouer.